ESTRELAS E OUTROS CORPOS CELESTES

ASTROFÍSICA PARA LEIGOS

Antônio Sérgio Teixeira Pires
Regina Pinto de Carvalho

ESTRELAS E OUTROS CORPOS CELESTES

ASTROFÍSICA PARA LEIGOS

autêntica

EDITORAS RESPONSÁVEIS
Rejane Dias
Cecília Martins

REVISÃO
Aline Sobreira
Déborah Dietrich

REVISÃO TÉCNICA
Ana Márcia Greco de Sousa

CAPA
Alberto Bittencourt

FOTOGRAFIA DA CAPA
NASA/ESA/CSA/STScl/JPLCaltech via *Wikimedia Commons*

ILUSTRAÇÕES
Henrique Cupertino

DIAGRAMAÇÃO
Waldênia Alvarenga

Dados Internacionais de Catalogação na Publicação (CIP)
(Câmara Brasileira do Livro, SP, Brasil)

Pires, Antônio Sérgio Teixeira

Estrelas e outros corpos celestes : Astrofísica para leigos / Antônio Sérgio Teixeira Pires, Regina Pinto de Carvalho. -- 1. ed. -- Belo Horizonte , MG: Autêntica Editora, 2024.

Bibliografia.

ISBN 978-65-5928-365-1

1. Astrofísica 2. Astronomia 3. Física quântica 4. Universo - Origem I. Carvalho, Regina Pinto de. II. Título.

23-184305 CDD-523.01

Índice para catálogo sistemático:
1. Astrofísica : Astronomia 523.01

Aline Graziele Benitez - Bibliotecária - CRB-1/3129

Belo Horizonte
Rua Carlos Turner, 420
Silveira . 31140-520
Belo Horizonte . MG
Tel.: (55 31) 3465 4500

São Paulo
Av. Paulista, 2.073 . Conjunto Nacional
Horsa I . Sala 309 . Bela Vista
01311-940 . São Paulo . SP
Tel.: (55 11) 3034 4468

www.grupoautentica.com.br
SAC: atendimentoleitor@grupoautentica.com.br

Olho para o céu
Tantas estrelas dizendo da imensidão
Do universo...

Caetano Veloso e Flávio Venturini,
"Céu de Santo Amaro"

All we ever see of stars
are their old photographs.

(Tudo o que sempre vemos das estrelas
são suas fotografias antigas.)

Alan Moore, *Watchmen*

APRESENTAÇÃO

O livro descreve, de forma agradável e correta, vários fatos conhecidos sobre a origem e constituição do Universo. Em primeiro lugar merecem destaque as explicações referentes às distâncias, que são muito bem-feitas e didáticas. Isso é importante, pois dá uma perspectiva correta dos tamanhos e distâncias envolvidas nas descrições que se seguem.

É interessante notar que o nome *Big Bang* não é adequado para o início do Universo, pois ele dá a ideia de uma explosão ocorrendo no espaço, "mas essa ideia está errada: o *Big Bang* não foi uma explosão, foi a criação do espaço e do tempo".

Destaca-se que foi somente com o advento da mecânica quântica, no início do século XX, que uma teoria precisa foi construída para descrever o Universo. Os Capítulos III e IV descrevem resumidamente os elementos essenciais da mecânica quântica. Mostram que, para explicar a natureza da matéria, foi proposta a existência de átomos, partículas indivisíveis. Em seguida, com a descoberta do elétron, o modelo evolui: o núcleo é formado de prótons e tem elétrons orbitando seu centro.

São citados vários cientistas importantes que construíram as teorias sobre o Universo. Em destaque se tem, em 1928, o estudante indiano Subrahmanyan Chandrasekhar, então com 18 anos, que elaborou trabalhos sobre a origem, a evolução e a composição de estrelas. Sua teoria não foi considerada correta por Einstein e pelo famoso astrônomo inglês Sir Arthur Eddington. Porém, em 1983, Chandrasekhar ganhou o Prêmio Nobel por seus trabalhos sobre o Universo. Nessa linha de explicações sobre a origem do Universo destaca-se também que, em 1957, o físico norte-americano John Wheeler, analisando soluções das equações da Teoria da Relatividade Geral, mostrou que elas demonstravam matematicamente a possibilidade de um viajante espacial ir de um lugar a outro no Universo através de um túnel no espaço-tempo ligando esses dois pontos. Wheeler deu o nome de ***wormhole*** (buraco de minhoca) a essa solução.

Outro destaque mencionado de cientistas importantes que descreveram o Universo é Henrietta Swan Leavitt, que nasceu em 4 de julho de 1868 em Lancaster, nos Estados Unidos. Em 1893, ela entrou como voluntária para o Observatório do Harvard College, sem ganhar salário. As mulheres não tinham permissão para operar telescópios; inicialmente ela media e catalogava o brilho de estrelas em chapas fotográficas. Em 1912, confirmou estudos anteriores, feitos também por ela, de que a luminosidade das variáveis Cefeidas era proporcional ao seu período de variação da luminosidade. O resultado obtido permitiu que o astrônomo Edwin Hubble chegasse à relação entre velocidade e distância das galáxias, discutida no Capítulo II.

Outra informação interessante destacada neste livro mostra a composição química determinada para o Universo conhecido, que consiste principalmente de hidrogênio e hélio. Atualmente acredita-se que cerca de 1% da matéria entre as estrelas é composta por partículas com tamanho de poucas centenas de nanômetros (1 nanômetro é igual a 1 dividido por 1.000.000.000 do metro) e, em sua maioria, constituídas por grafite e silicatos.

Enfim, o livro é de muito boa qualidade. Transmite de forma didática as informações importantes sobre o Universo. Será uma ótima indicação de leitura e uma referência de valor para as escolas.

Concluo com uma descrição que pode ser interpretada como de origem religiosa, mas que ilustra a curiosidade humana em relação ao

Universo. "Quem fez os furinhos no céu?", perguntou um garotinho ao meu amigo, um padre católico. Penso que o meu amigo considerou aquela pergunta simples e complicada, singela e despretensiosa, como uma afirmação da existência de Deus, que era toda aquela luz.

Foi uma honra fazer a apresentação do livro de autoria dos meus amigos e colegas Antônio Sérgio e Regina.

Prof. Francisco César de Sá Barreto, UFMG.

CAPÍTULO I

O UNIVERSO

Um dos espetáculos mais bonitos de se presenciar é quando, em uma noite sem nuvens, longe das luzes da cidade, contemplamos o céu. Não é de se estranhar, portanto, que a Astronomia seja um dos ramos mais antigos do conhecimento. Além do efeito estético, a observação do céu também foi importante para todas as culturas antigas, que a usaram para a determinação de um calendário e do ciclo das estações.

O Sol e outras estrelas giram em torno do centro da **galáxia**;[1] a velocidade depende da distância da estrela ao centro de sua galáxia. A velocidade do Sol é de 250 quilômetros por segundo, e, desde que nasceu, ele completou cerca de 20 órbitas completas.

Durante muito tempo, acreditou-se que a Via Láctea fosse a única galáxia no Universo, o que não é de se estranhar, tendo em vista que as observações eram feitas a olho nu. O telescópio foi inventado pelo fabricante de lentes holandês Hans Lippershey, em 1608, mas foi o astrônomo e físico italiano Galileu Galilei, no ano seguinte, o primeiro a usar o instrumento com o objetivo de fazer observações astronômicas. Os primeiros telescópios eram muito rudimentares, e

---

[1] Uma **galáxia** é um aglomerado de estrelas, poeira e outros corpos celestes, ligados entre si por forças gravitacionais. A palavra "galáxia" deriva do termo grego *galaxias kyklos*, que significa "círculo leitoso". Inicialmente, esse termo designava nossa galáxia, a Via Láctea, que aparece no céu como uma mancha esbranquiçada (leitosa).

mesmo assim trouxeram um grande progresso para a Astronomia, pelo menos para o estudo dos planetas.

Porém, foi só com a construção de grandes observatórios, tais como o do Monte Wilson (EUA) ou o de Haute-Provence (França), mostrado na Figura 1-1, no início do século XX, que o estudo das estrelas avançou. Surgiu a especulação da existência de outras galáxias além da nossa, os chamados universos-ilhas. Finalmente, o astrônomo norte-americano Edwin Hubble, do observatório do Monte Wilson, mostrou, em 1925, que realmente havia no Universo vários aglomerados de estrelas que formavam galáxias como a nossa. Hoje temos telescópios enormes, com 10 metros de diâmetro (e um com 39 metros está sendo construído no Chile, com previsão de funcionamento para 2025), além de satélites lançados ao espaço, que nos permitem fazer uma imagem mais precisa do Universo.

José Rodrigues via Wikimedia Commons.

Figura 1-1. Observatório de Haute-Provence.

Utilizando as informações obtidas por diversos observatórios na Terra e por satélites lançados ao espaço, podemos ter uma descrição detalhada da Via Láctea: um aglomerado de estrelas e pó interestelar, formando um disco plano com braços em espiral e um bojo central (Figura 1-2). No centro, encontra-se um buraco negro[2] supermassivo, ao redor do qual giram os corpos celestes. O Sol está situado a meia distância entre o centro e a borda da galáxia, em um braço secundário, girando em torno do centro.

NASA via Wikimedia Commons.

Figura 1-2. Descrição artística da Via Láctea.

Hoje sabemos que, no Universo visível, existem centenas de bilhões de galáxias, e o número de estrelas em cada uma dessas galáxias varia entre milhões e trilhões.[3] Só na Via Láctea há, pelo menos, 200 bilhões de estrelas. Além de estrelas, existem também nuvens de gás e poeira no meio interestelar. No entanto, a distância entre as estrelas é tão grande que o Universo é praticamente vazio. Mesmo com os telescópios mais poderosos, ainda continuamos a ver as estrelas como pontos luminosos.

A descrição do Universo conhecido atualmente indica a existência de galáxias próximas à nossa, formando o que chamamos de

---

[2] Os buracos negros serão descritos no Capítulo V.

[3] A maior galáxia observada, descoberta em fevereiro de 2022, foi chamada de Alcyoneus e é cerca de 160 vezes mais extensa do que a Via Láctea.

Grupo Local, e muitas galáxias e grupos de galáxias mais distantes. Observou-se que as galáxias se afastam de nós (e umas das outras); quanto mais distantes, maior a velocidade com que se afastam, levando a crer que o Universo está em expansão.

Uma maneira conveniente para descrever distâncias no Universo é considerar o tempo que a luz leva para percorrê-las. A luz é a entidade com a maior velocidade conhecida (cerca de 300.000 km/s). Nessa velocidade, ela dá sete voltas ao redor do nosso planeta em um segundo. Um sinal luminoso emitido da Terra leva um pouco mais de um segundo para chegar à Lua, e cerca de oito minutos para vir do Sol até nós. Isso parece pouco, mas teríamos de viajar mais de quatro anos nessa velocidade para alcançar a estrela mais próxima do Sol, Proxima Centauri, e gastaríamos cerca de 100 mil anos para ir de uma extremidade à outra da Via Láctea.

Para a medida de distâncias astronômicas, usa-se a unidade ano-luz, que corresponde à distância que a luz percorre em um ano. A galáxia de Andrômeda, a mais próxima de nós, está a 2,5 milhões de anos-luz de distância, e é um dos objetos mais distantes que podemos observar a olho nu. Ela é vista no céu como uma pequena mancha brilhante indistinta (Figura 1-3).

Valerio consolati via Wikimedia Commons.

Figura 1-3. Galáxia de Andrômeda no céu.

A escala do Universo, no espaço e no tempo, parece espantosamente grande quando comparada à escala dos objetos da vida diária na Terra. Para termos uma ideia das distâncias envolvidas, podemos usar um modelo em escala reduzida (os valores são aproximados): se o Sol fosse representado como uma bola de futebol, a Terra seria apenas um grão de areia, situado a cerca de 25 metros do Sol; Júpiter seria uma bola de gude e estaria a 130 metros do Sol; Plutão seria uma partícula de pó, a quase 1 km. Nessa escala, a estrela mais próxima seria uma bola de pingue-pongue, a quase 7.000 km de distância, e a extensão da Via Láctea seria de mais de 140 milhões de quilômetros.

Neste livro, vamos tentar usar as informações existentes sobre o Universo para responder a algumas perguntas, como:

Qual o tamanho do Universo?

Qual a idade do Universo?

O que é uma estrela? Do que ela é composta, e o que a faz brilhar?

O que se sabe sobre o passado do Universo? E sobre o seu futuro?

Para responder a essas perguntas, usaremos alguns conceitos, como o *Big Bang*, a curvatura do espaço-tempo, a Mecânica Quântica, que serão apresentados de forma simplificada. Esses conceitos soam estranhos e são pouco compreendidos, mas são aceitos pela comunidade científica porque explicam o que se observa no Universo.

Telescópios

Os primeiros telescópios, construídos no século XVII, eram dispositivos formados por lentes convergentes, colocadas nas extremidades de um tubo longo: a lente objetiva, situada do lado do objeto, formava uma imagem deste, dentro do tubo; essa imagem era ampliada pela lente ocular, situada do lado do olho do observador. Esses dispositivos são chamados telescópios refratores, pois usam a propriedade da refração da luz para obter as imagens (Figura 1-4).

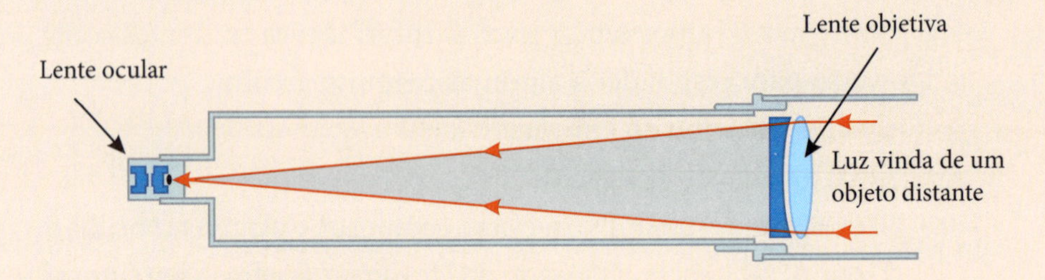

Figura 1-4. Esquema de um telescópio refrator.

Como a luz de diferentes comprimentos de onda (diferentes cores) se desvia de forma ligeiramente diferente, os telescópios refratores podem apresentar a *aberração cromática*, ou seja, as diferentes cores do objeto observado sofrem desvios diferentes, e o resultado é uma imagem borrada. Além disso, para observar as estrelas, é interessante captar o máximo possível da luz emitida por ela, o que exigiria a fabricação de lentes de grande diâmetro, aumentando seu custo.

Esses problemas podem ser resolvidos usando-se telescópios refletores, que usam espelhos curvos e planos, no lugar de lentes, para obter as imagens (Figura 1-5). Nesse caso, não ocorre o efeito da aberração cromática, e também se torna mais fácil e barato construir equipamentos de grandes diâmetros.

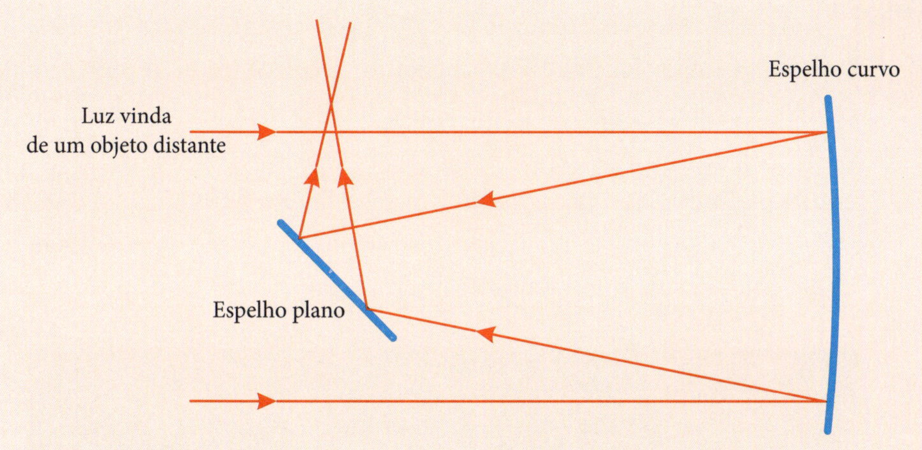

Figura 1-5. Telescópio refletor.

Outro problema apresentado na observação de estrelas é a absorção pela atmosfera de grande parte do espectro eletromagnético, principalmente pequenos comprimentos de onda (raios X e gama) e parte da luz visível. Os grandes comprimentos de onda (ondas de rádio) são menos absorvidos: por isso foram construídos os radiotelescópios, que captam os sinais emitidos pelas estrelas nesses comprimentos de onda. São formados por um grande conjunto de antenas, em um extenso arranjo, que podem se orientar para a posição no céu a ser observada (Figura 1-6).

Figura 1-6. Rede de radiotelescópios no deserto do Atacama (Chile).

Atualmente existem também telescópios instalados em satélites, como o Hubble (Figura 1-7A), o Chandra, o Compton, o Spitzer e o mais recente, o James Webb (Figura 1-7B), lançado em dezembro de 2021. Eles foram projetados para fazer observações em diferentes comprimentos de onda e apresentam a vantagem de evitar as distorções provocadas pela atmosfera terrestre, mas têm como desvantagem as dificuldades de manutenção e atualização.

Figura 1-7. Os telescópios (A): Hubble e (B): James Webb.

Ondas eletromagnéticas

Um campo elétrico variável gera um campo magnético, e vice-versa: um campo magnético variável gera um campo elétrico. Se esses campos estiverem se deslocando, teremos uma onda eletromagnética. Esta terá diferentes valores de comprimento de onda (e de frequência), porém todas as ondas eletromagnéticas terão características em comum: são geradas por cargas aceleradas, não precisam de um meio para se propagar e se deslocam no vácuo com a mesma velocidade, que habitualmente chamamos de velocidade da luz. Para produzir uma onda eletromagnética, é necessário energia, para acelerar as cargas; a energia é transportada pela onda e pode ser absorvida pelos corpos nos quais a onda incide.

Os diversos comprimentos de onda (ou frequências) das ondas eletromagnéticas recebem nomes diferentes, que são apenas classificatórios e em geral indicam a fonte de radiação (Figura 1-8). As ondas de maior comprimento de onda (menor frequência, e, portanto, menor energia) são as ondas de rádio e as micro-ondas, produzidas por partículas carregadas, aceleradas.

A radiação infravermelha é produzida por moléculas que vibram devido ao aquecimento; se os objetos estiverem muito quentes, podem emitir luz visível, e a temperaturas maiores ocorre também emissão da radiação ultravioleta.

Os raios X são emitidos quando elétrons sofrem aceleração ou desaceleração. E os raios gama, que consistem na radiação de maior energia, são produzidos pelos núcleos atômicos, quando sofrem transições radioativas.

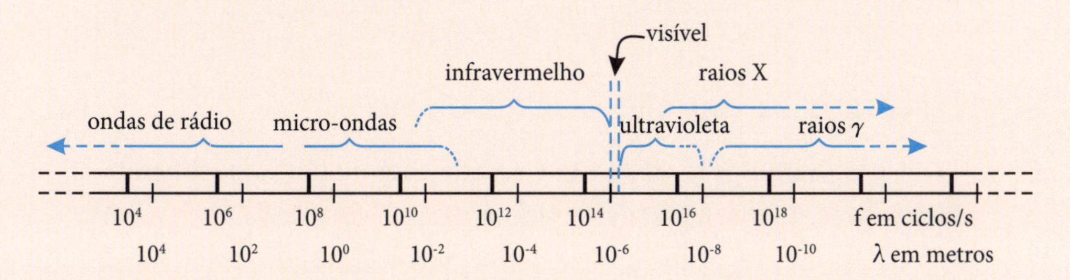

Figura 1-8. O espectro eletromagnético: a frequência e a energia da radiação crescem da esquerda para a direita; o comprimento de onda cresce da direita para a esquerda.
Adaptado de: HABER SCHAIM, Uri. *et al. PSSC Physics*. 4. ed. Lexington: D. C. Heath and Company, 1976.

Nosso corpo possui sensores apenas para algumas regiões: a luz visível pode ser captada por nossos olhos, e nossa pele pode sentir a radiação infravermelha (radiação térmica). As regiões de ultravioleta, raios X e raios gama podem danificar nossas células através da ionização (retirada de elétrons de um átomo) ou da modificação dos núcleos atômicos. As ondas de menor energia (micro-ondas e ondas de rádio) parecem não afetar nosso corpo, embora haja relatos de aquecimento de alguns órgãos sob exposição excessiva a micro-ondas.

Nas estrelas e em outros corpos celestes, pode ocorrer emissão de ondas de rádio pelas cargas contidas em átomos e moléculas acelerados pelo aquecimento, ou pela variação do *spin* eletrônico; nesse último caso, a emissão tem comprimento de onda bem definido e informa sobre a composição do emissor. As cargas podem também ser aceleradas pela presença de fortes campos magnéticos, o que ocorre, por exemplo, em quasares, pulsares, estrelas de nêutrons que giram rapidamente, restos de supernovas – esses objetos serão detalhados nos próximos capítulos.

A radiação ultravioleta pode ser gerada em estrelas devido a processos magnéticos na sua atmosfera, quando o plasma (gás ionizado) é aquecido e acelerado. A temperatura do Sol faz com que sua emissão ocorra principalmente na região visível; estrelas mais quentes emitem radiação na região ultravioleta.

Espectros de emissão e de absorção

Como vimos, um objeto que recebe energia por aquecimento, choques etc. vibra ou oscila devido à energia fornecida a ele e vai devolver essa energia ao ambiente emitindo ondas eletromagnéticas de diversas frequências.

Em um gás, cada átomo ou molécula possui um conjunto de níveis de energia que podem ser ocupados por seus elétrons, e, portanto, o átomo somente absorverá radiação correspondente às diferenças de energia entre esses níveis. Da mesma forma, somente devolverá ao ambiente radiação correspondente a esses valores de energia; assim, obtemos **os espectros de absorção** ou **de emissão** dos gases formados por diferentes elementos químicos (Figura 1-9).

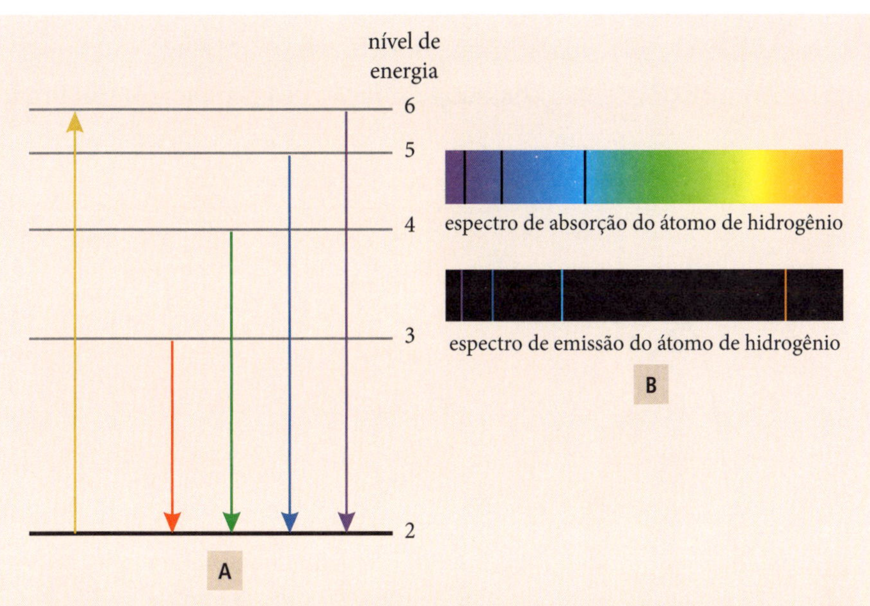

Figura 1-9. (A): Um elétron absorve energia, elevando-se do nível 2 para o nível 6; outros elétrons decaem de diferentes níveis para o nível 2, emitindo energia nos valores correspondentes às diferenças de energia entre esses níveis. (B): Se os elétrons de um átomo de hidrogênio absorvem energia proveniente de uma fonte de radiação contínua, o espectro resultante mostrará linhas escuras nos valores de energia que foram absorvidos pelo átomo; essa energia poderá ser mais tarde emitida com os mesmos valores.

As linhas espectrais observadas nas estrelas fornecem informação sobre sua composição, sua densidade e a existência de campos magnéticos; a largura das linhas pode indicar movimento do material na estrela.[4] As linhas espectrais podem também conter informação sobre o material existente em torno da estrela ou no meio interestelar (gás, poeira).

Se o corpo que emite energia é um sólido, formado por diferentes moléculas e átomos ligados entre si, além das transições atômicas haverá vibrações, oscilações e rotações das moléculas ou de conjuntos delas; a radiação gerada será um conjunto contínuo de todas as frequências, com pico de intensidade numa frequência que depende da temperatura do corpo. Se o corpo possui a propriedade de absorver toda a radiação eletromagnética que incide nele, é chamado de corpo negro (nenhuma

[4] Ver a discussão sobre o efeito Doppler, no final do Capítulo II.

radiação o atravessa nem é refletida). A radiação emitida por esse corpo, quando aquecido, é então chamada **radiação de corpo negro** (Figura 1-10). Todos os corpos negros possuem as mesmas propriedades, e o espectro de radiação depende apenas de sua temperatura.[5]

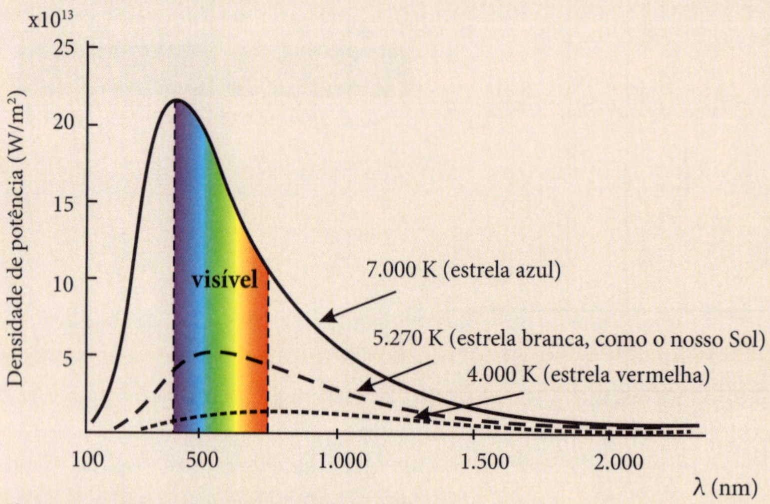

Figura 1-10. Espectros de emissão de corpo negro.
Adaptado de: http://tinyurl.com/yyrmkx6v.

Através da curva de radiação de um corpo negro, pode-se, portanto, determinar a temperatura de sua superfície, já que o pico da intensidade de radiação, que indica a principal cor emitida, aumenta sua intensidade e diminui seu comprimento de onda (levando a uma cor mais azulada) com o aumento da temperatura.[6]

É interessante notar que a radiação de fundo que preenche o universo observado é similar àquela emitida por um corpo negro a uma temperatura de 2,7 K.[7]

---

[5] Em Física, medimos temperatura em graus kelvin (K). O zero na escala Celsius corresponde a 273 K. Para temperaturas da ordem das temperaturas das estrelas, a diferença entre as duas escalas é irrelevante.

[6] No Capítulo VI será mostrado como utilizar essa característica dos corpos negros para avaliar a temperatura de estrelas.

[7] Esse assunto será detalhado no Capítulo II.

Absorção da radiação pela atmosfera terrestre

Os gases que compõem a atmosfera terrestre são capazes de absorver certos comprimentos de onda emitidos pelas estrelas, e, assim, alguma informação pode ser perdida quando a radiação vinda das estrelas é observada no solo (Figura 1-11). A atmosfera é capaz de bloquear raios gama, raios X e grande parte da radiação ultravioleta; a luz visível pode alcançar o solo, porém pode haver alguma distorção; grande parte do espectro infravermelho é absorvido pelos gases da atmosfera; esta, por sua vez, é praticamente transparente às ondas de rádio, exceto para ondas de grande comprimento de onda, que podem ser refletidas pela ionosfera.

Por isso, os observatórios terrestres coletam informação útil nas faixas da luz visível e, principalmente, das ondas de rádio. Para outras faixas de radiação, são colhidas informações em telescópios colocados em órbita ao redor da Terra, fora da influência da atmosfera terrestre.

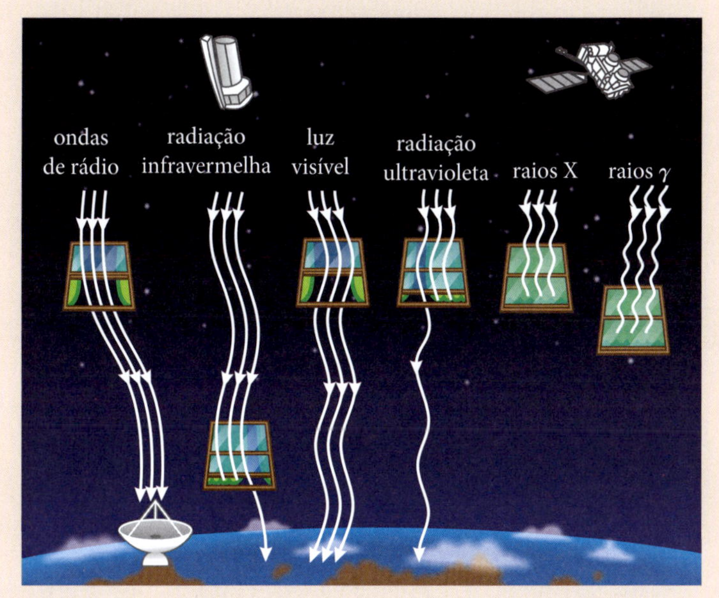

Figura 1-11. Absorção do espectro eletromagnético pela atmosfera terrestre. Adaptado de: http://tinyurl.com/mtxat8r9.

CAPÍTULO II

O INÍCIO DO UNIVERSO

No início do século XIX, os cientistas acreditavam que o Universo fosse estático e sempre houvesse existido. Foi uma surpresa quando uma análise das equações da Teoria da Relatividade Geral de Einstein mostrou que as soluções descreviam um Universo dinâmico que mudava no tempo. Einstein, acreditando que isso não podia ser possível, acrescentou um termo em suas equações para levar a um Universo estático. Em 1927, o padre, cosmólogo e matemático belga Georges Lemaître, usando as equações de Einstein e baseando-se em dados observacionais do astrônomo norte-americano Vesto Slipher, afirmou que o Universo estava em expansão e que teve início no que ele chamou de **átomo primordial**. Observações posteriores, feitas pelo astrônomo norte-americano Edwin Hubble, confirmaram a ideia da expansão.

A teoria da expansão do Universo foi desenvolvida posteriormente pelo físico russo George Gamow e chamada, em tom jocoso, de ***Big Bang*** (expressão que pode ser traduzida por "grande estrondo") pelo astrônomo inglês Fred Hoyle, que não acreditava nela. Contudo, o termo passou a ser usado por outros pesquisadores, e atualmente a teoria é considerada a que descreve corretamente a origem do Universo. O nome, no entanto, não é adequado, pois dá a ideia de uma explosão ocorrendo no espaço, como algumas vezes é até mostrado em filmes de divulgação. Mas essa ideia está errada: o *Big Bang* não foi uma explosão, foi a criação do espaço e do tempo. O Universo não tem bordas nem centro. Embora o *Big Bang* seja uma hipótese teórica, existem várias evidências astronômicas que lhe dão credibilidade, portanto, ela é aceita pela maioria dos astrônomos. Uma das principais evidências é a observação de que as galáxias estão se afastando de nós com uma velocidade que aumenta com a distância, ou seja, o Universo está em expansão. Assim, se retrocedermos no tempo, encontraremos um instante inicial (como previsto por Lemaître), em que todas essas galáxias visíveis estariam juntas em um único ponto.

O Universo não se expande no espaço, é o espaço que se expande. Para entendermos o que acontece, consideremos a seguinte analogia: imaginemos uma rede infinita de pontos em duas dimensões, com espaçamento de um ano-luz entre pontos vizinhos. Coloquemos a Terra em um ponto arbitrário e galáxias em cada um dos outros pontos. Voltemos agora no tempo, em direção ao *Big Bang*. Em determinado momento, o espaçamento entre os pontos será de meio ano-luz, mas, embora esse espaçamento tenha se reduzido pela metade, a rede continua infinita. Vamos agora para 0,0000001 segundos depois do *Big Bang*: a rede agora tem um espaçamento muito pequeno, mas ainda é infinita. Não importa quão perto cheguemos do *Big Bang*, continuaremos com uma rede infinita. A distância entre dois pontos quaisquer, selecionados no espaço-tempo, não importa quão distantes estejam atualmente um do outro, cai para zero quando retrocedemos ao instante inicial. Essa é uma situação estranha: o espaçamento entre os pontos encolhe para zero, mas o Universo é ainda infinito. Dizemos que temos uma **singularidade**[8] em que nossa teoria não se aplica.

O resultado discutido aqui surge da solução das equações de Einstein da Teoria da Relatividade Geral, que é uma teoria clássica. Acredita-se que, em uma teoria quântica da gravitação, a singularidade seria evitada, mas ainda não temos tal teoria. De qualquer forma, o Universo não começou em um ponto. Como ele é infinito, começou com um tamanho infinito.

---

[8] Singularidades ocorrem quando fazemos uma extrapolação matemática além do que a teoria permite. Temos, como exemplo, o potencial de uma carga elétrica q, descrito como q/r, que é igual a infinito quando a distância r até a carga é igual a zero.

No momento do *Big Bang*, a teoria propõe também que a densidade da matéria e energia e a temperatura eram infinitas, e a partir daí o Universo começou a se expandir e a esfriar. O Universo resfriou rapidamente durante o estágio inicial de sua expansão. Entre 10^{-35} s (1 dividido pelo número 1 seguido de 35 zeros) e 10^{-6} s (um milionésimo de segundo), a temperatura caiu de 10^{27} K (1 seguido de 27 zeros) para cerca de 10^{13} K (1 seguido de 13 zeros).[9] Alguns segundos depois, caiu para 5.10^{9} K (5 bilhões de graus kelvin). Podemos perguntar por que o Universo não colapsou em um buraco negro logo após a sua criação.[10] Todavia, um bloco enorme de matéria colapsa em um buraco negro somente se existir espaço vazio à sua volta, e no *Big Bang* não havia tal espaço. Todo o espaço estava uniformemente cheio com matéria e energia. Não havia um centro de atração em torno do qual a matéria pudesse se concentrar.

Não tem sentido perguntarmos o que havia antes do *Big Bang*, pois espaço e tempo foram criados naquele instante. A questão do que causou o *Big Bang* é difícil de ser respondida, e é possível que nunca cheguemos a uma resposta. Se o leitor não entende o fato de o Universo ter surgido do nada, ele não está sozinho, pois ninguém entende. O desejo de saber o que causou o início do Universo pode ter uma razão biológica: nosso cérebro evoluiu supondo que todo evento tem uma causa, mas pode ser que não haja uma causa para o *Big Bang*.

O que aconteceu logo após o *Big Bang* não é bem entendido, e existem várias teorias para explicar esse período, mas, depois de um tempo da ordem de um segundo, acredita-se que o Universo tenha passado a ser descrito pelas leis da Física como hoje as conhecemos. Depois desse primeiro segundo, a temperatura caiu rapidamente, embora, durante o primeiro minuto, ainda fosse extremamente alta. O Universo era então um gás quente de partículas livres. A matéria

---

[9] Acredita-se que prótons e nêutrons tenham sido criados 10^{-6} segundos depois do *Big Bang*.

[10] Buracos negros serão discutidos no Capítulo V.

naquele momento consistia em prótons, nêutrons e elétrons, pois qualquer grupo de partículas que se combinassem momentaneamente em um núcleo composto se dissociaria imediatamente nos seus componentes, devido à alta temperatura. À medida que o Universo se expandia, a temperatura diminuía. Após cerca de três minutos, prótons e nêutrons começaram a se combinar para formar núcleos de hélio e, em menor proporção, outros núcleos leves.[11] Como um nêutron livre decai depois de um tempo médio de 15 minutos, eles desapareceram em pouco tempo. Tínhamos, naquele momento, quantidades quase iguais de núcleos de hidrogênio e de hélio.

Cerca de 380 mil anos depois do *Big Bang*, o Universo em expansão esfriou o suficiente para que os elétrons pudessem se ligar aos prótons e aos núcleos de hélio, formando os primeiros átomos de hidrogênio e hélio estáveis. O Universo era então composto predominantemente de átomos de hidrogênio e hélio.[12] Como veremos mais tarde, os elementos mais pesados foram sintetizados no interior das estrelas, e mesmo assim eles correspondem a apenas cerca de 2% da matéria total do Universo visível.

As primeiras estrelas devem ter se formado cerca de 100 a 200 milhões de anos depois do *Big Bang*.[13]

A origem e a fonte de energia das estrelas foram também durante muito tempo motivo de especulações. Foi somente com o advento da mecânica quântica, no início do século XX, que uma teoria precisa foi construída. Nos Capítulos III e IV serão descritos resumidamente os elementos essenciais dessa teoria.

---

[11] Lembremos que o núcleo de hidrogênio é um próton, e o núcleo do hélio é formado de dois prótons e dois nêutrons.

[12] O valor mais aceito para a proporção dos elementos depois do *Big Bang* é 95% de hidrogênio, 5% de hélio e traços de lítio.

[13] É preciso ter em mente que os tempos em que ocorreram as diversas etapas são apenas estimativas baseadas em teorias, e não em dados de observação. Usando o modelo padrão de física de partículas e supondo certos modelos para o Universo, podemos fazer estimativas grosseiras.

Expansão do Universo

Astrônomos na década de 1920, ao observarem os espectros das estrelas de outras galáxias, descobriram que as raias espectrais eram similares às das estrelas de nossa galáxia, mas eram desviadas, no mesmo valor relativo, em direção à extremidade vermelha do espectro.

Como mencionado no Capítulo I, cada estrela tem um espectro parecido com o do Sol, e gases em suas superfícies podem absorver luz em certos comprimentos de onda; isso aparece no espectro como faixas escuras. Em 1929, o astrônomo norte-americano Edwin Hubble, usando um telescópio de 2,5 metros no Monte Wilson, na Califórnia (Estados Unidos), constatou que a maioria das galáxias apresentava desvio para o vermelho, e, como veremos no final deste capítulo, isso implicava que elas estavam se afastando de nós. O desvio pode ser tão grande que as linhas se movem da região visível para a região de micro-ondas, e, da mesma forma, radiação de raios X pode ser desviada para a região visível.

Hubble calculou as distâncias e velocidades dessas galáxias e fez um gráfico, chegando ao seguinte resultado[14]:

$$v = H_0 d,$$

onde H_0 é a inclinação da linha que relaciona a distância d de uma galáxia à sua velocidade v. (Tal resultado fora obtido antes por George Lemaître, em 1925, mas passou a ser conhecido durante muito tempo como lei de Hubble. Só recentemente passou a ser chamado por alguns astrônomos de lei de Hubble-Lemaître.) Vemos assim que a velocidade de recessão de uma galáxia é diretamente proporcional à distância que ela se encontra da Terra.[15] No caso geral, deveríamos

---

[14] No final deste capítulo, iremos mostrar como se pode calcular as velocidades; no Capítulo VI, serão mostradas algumas formas de se calcular distâncias.

[15] Velocidade de recessão é a velocidade com a qual as galáxias se afastam de nós (do sistema solar).

usar H na equação, onde H é conhecida como **constante de Hubble**. Mas, estritamente falando, H não é uma constante, pois pode variar com o tempo, e o índice 0 indica seu valor na era presente. A lei vale somente para galáxias distantes. Para estrelas na Via Láctea e galáxias próximas, a relação não se aplica.

Se d é a distância entre duas galáxias, dividindo-se d pela velocidade de recessão v, teremos o tempo necessário para as duas galáxias alcançarem a separação atual. Usando a lei de Hubble, teremos:

$$t = d/v = d/\ H_0 d = 1/H_0.$$

Usando o valor atual obtido para H_0, estimamos a idade do Universo em cerca de 13,8 bilhões de anos. Hubble era muito cauteloso e preferiu não dar uma interpretação à sua lei empírica.

Assim, se o Universo fosse estático, a distância mais afastada que veríamos seria 13,8 bilhões de anos-luz, que é o tempo que a luz levaria para chegar até nós desde o momento em que foi criado. Mas cálculos que levam em conta a taxa de expansão mostram que o ponto mais distante visível se encontra a 47 bilhões de anos-luz.

Os resultados de Hubble foram comprovados posteriormente por equipamentos bem mais sofisticados, como o telescópio de 10 metros existente no Havaí.

A velocidade de expansão fica maior do que a velocidade da luz para distâncias muito grandes. Isso não contraria a Teoria da Relatividade, que diz que nenhum corpo no espaço pode se mover com velocidade superior à da luz, pois aqui é o próprio espaço que está se expandindo.

Para entendermos o que a lei de Hubble está nos dizendo, vamos apresentar uma analogia simples: consideremos pontos marcados em uma faixa de borracha muito grande, com a distância inicial de um centímetro um do outro. Os pontos representam galáxias. Coloquemos um observador num ponto qualquer, que denominaremos A. O ponto B está a 1 cm de A, o ponto C a 2 cm, o ponto D a 3 cm, e assim sucessivamente. Estiquemos agora a faixa com velocidade constante, de forma que a distância entre os pontos se torne 2 cm. B estará então a 2 cm de A, C a 4 cm, D a 6 cm e assim por diante. Nessa situação, C se moveu duas vezes a distância de A a B, D se moveu três vezes essa distância. Do ponto de vista de A, os pontos mais distantes parecem ter se movido mais rapidamente do que os pontos mais próximos. Não há nada de especial com o ponto A. Poderíamos ter escolhido qualquer ponto na faixa, e o resultado seria o mesmo. Podemos pensar em um exemplo em mais dimensões, desenhando pontos na superfície de um balão e inflando-o.

As galáxias têm uma velocidade espacial e podem se aproximar ou se afastar umas das outras. A velocidade espacial ou velocidade verdadeira é a velocidade que um corpo celeste teria, mesmo se o espaço não estivesse em expansão. Ela pode ter qualquer direção em relação a um observador na Terra: longitudinal, na nossa direção ou se afastando, bem como ter uma componente transversa. Esse movimento é detectado pelo efeito Doppler, explicado no final deste capítulo. A galáxia M31, por exemplo, possui desvio para o azul, mostrando que ela está se movendo em nossa direção. A velocidade real através do espaço não está relacionada com a expansão.

Mas aqui estamos falando da velocidade de recessão, que é a velocidade causada pela expansão do espaço: à medida que o Universo se expande, as galáxias se afastam umas das outras, e a velocidade aparente parece ser maior para as galáxias mais distantes. Algum dia, num futuro distante, nenhuma das galáxias que hoje podemos observar será mais vista. Nossa galáxia estará sozinha no Universo visível, e uma vez que as estrelas nela chegarem ao seu final de vida, o céu ficará eternamente escuro (note que isso é baseado no que sabemos hoje).

O afastamento das galáxias devido à expansão do espaço também leva a um desvio para o vermelho no espectro, mas esse desvio não é causado pelo efeito Doppler. Imaginemos um fóton emitido em direção à Terra por uma galáxia distante. O fóton tem um comprimento de onda específico. Porém, durante a viagem entre a galáxia e a Terra, o espaço entre esses dois objetos está se expandindo. A expansão leva ao "esticamento" do comprimento de onda do fóton. Assim, quando chega à Terra, ele tem um comprimento de onda maior do que quando deixou a galáxia. Esse comportamento pode ser explicado matematicamente como se o fóton sofresse o efeito Doppler. Tanto o movimento real das galáxias como a expansão do Universo contribuem para o desvio para o vermelho, e é um problema difícil, em Astronomia, separar as duas contribuições. Mas, para objetos muitos distantes, prevalece o segundo efeito, ou seja, a expansão do Universo.

A expansão do Universo pode ser pensada como uma "força" universal, puxando os objetos. Porém, ela só é forte em escalas muito grandes. Na escala de uma galáxia, a força gravitacional, que mantém a galáxia coesa, é mais forte do que a "força de expansão", e assim a galáxia não se esfacela.

Matéria escura

Existem indicações de que a maior parte da matéria existente no Universo não interage com a radiação, mas provoca efeitos gravitacionais: é a chamada matéria escura. Sua presença é inferida através da velocidade de rotação das galáxias, que não poderia ser explicada levando-se em consideração apenas a matéria ordinária, e também através de efeitos de **lente gravitacional** (matéria é capaz de curvar o espaço, de forma a defletir um raio de luz que passa em suas proximidades). Uma questão ainda em aberto é se a matéria escura é constituída de partículas que interagem fracamente com a matéria conhecida ou se existem outras causas.

O efeito Doppler e o desvio para o vermelho

Analisando-se o espectro de emissão de um gás aquecido, é possível conhecer a composição desse gás, pois cada elemento químico terá um espectro característico, absorvendo radiação com determinados valores de energia ou, equivalentemente, com determinados comprimentos de onda. Da mesma forma, se um gás a temperatura mais baixa for iluminado por radiação que contenha todos os comprimentos de onda, os elementos que compõem o gás vão absorver radiação com os mesmos comprimentos de onda, que são característicos desses elementos.

Geralmente, as estrelas possuem um caroço aquecido, que se comporta como um corpo negro e emite radiação em todos os comprimentos de onda. Contudo, em torno desse caroço existe uma camada gasosa, com temperatura mais baixa, que absorve radiação nos comprimentos de onda característicos dos elementos que a compõem: aparecem linhas escuras no espectro contínuo emitido pelo caroço.

Quando se observa o espectro das estrelas, as linhas de absorção mais proeminentes têm o mesmo padrão que o espectro de absorção do hidrogênio, porém é possível notar que as linhas estão sempre um pouco deslocadas com relação ao que se obtém em experimentos de laboratório: seu comprimento de onda é maior que o esperado, ou seja, o padrão é deslocado em direção ao vermelho. Quanto mais afastadas as estrelas, maior o deslocamento em seus espectros.

O assim chamado **desvio para o vermelho** pode ser explicado pelo **efeito Doppler**: quando um objeto emissor de ondas se afasta de um observador, cada crista de onda emitida levará mais tempo para chegar ao observador do que se o objeto estivesse em repouso. Isso equivale a dizer que seu comprimento de onda ficará aumentado. No caso da luz, haverá um desvio para o vermelho. Do mesmo modo, se o objeto se aproxima do observador, as cristas de onda chegarão em menos tempo, levando a um desvio para o azul.

É possível observar facilmente o efeito Doppler com ondas sonoras: o som do motor ou da buzina de um carro ficará mais agudo (comprimento de onda menor) se o carro se mover na direção do observador, e mais grave (comprimento de onda maior) se o carro se afastar (Figura 2-1). As pessoas dentro do carro, que se movem com ele, ouvem o som com o comprimento de onda que é emitido.

Durante a transmissão por TV de uma corrida de carros, em que a câmera está fixa num ponto próximo à pista, ouve-se claramente a variação do som quando um carro passa diante da câmera: iiióóóó...

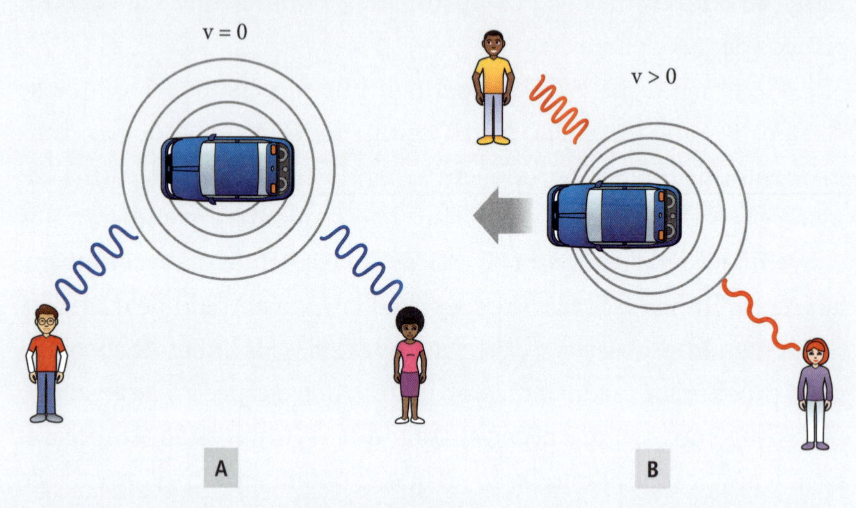

Figura 2-1. O efeito Doppler para o som: em (A), um carro está parado, e o som de sua buzina é ouvido com a mesma frequência (ou comprimento de onda) pelo motorista e por pessoas fora do carro. Em (B), o carro se move para a esquerda; uma pessoa situada fora do carro, à sua frente, ouve o som com frequência maior (comprimento de onda menor, som mais agudo), e uma pessoa atrás do carro ouve o som com frequência menor (comprimento de onda maior, som mais grave).

Os átomos e seus constituintes

Para explicar a natureza da matéria, foi proposta inicialmente a existência de **átomos**, que seriam partículas indivisíveis, características de cada elemento. Com a descoberta do **elétron**, pequena partícula com carga elétrica, o modelo atômico evoluiu, e ele foi descrito como uma esfera de carga positiva, salpicada de pequenas cargas negativas. A seguir, experimentos mostraram que o átomo era formado por uma grande região vazia, com um **núcleo** positivo, e elétrons (negativos) orbitando esse núcleo. As partículas que compunham o núcleo foram chamadas de **prótons**.

Porém, um núcleo composto somente por partículas de mesma carga seria instável, devido à repulsão entre cargas iguais, muito próximas umas das outras. Foi proposta então a existência dos **nêutrons**, partículas sem carga que participariam na manutenção da estabilidade dos núcleos.

Para contornar uma eventual perda de energia dos elétrons, devido ao seu movimento em torno do núcleo, e que acabaria por precipitá-los para o centro do átomo, foi proposto que esses elétrons teriam valores bem definidos de energia e que se localizariam em uma **nuvem eletrônica**, região em torno do núcleo positivo.

Hoje podemos descrever um átomo como possuindo um núcleo, que contém prótons positivos e nêutrons sem carga elétrica, e elétrons negativos situados em uma região em torno do núcleo. As massas dos prótons e dos nêutrons são muito parecidas, e os elétrons têm massa muito menor. O núcleo ocupa uma região muito pequena do átomo, sendo responsável pela sua massa; a nuvem eletrônica é responsável pelo volume do átomo.

Cada elemento é caracterizado pelo número de prótons (que é igual ao de elétrons) em seus átomos; o número de nêutrons pode variar, dando surgimento a diversos **isótopos** do mesmo elemento. Quando um átomo perde ou ganha um ou mais elétrons, diz-se que ele foi **ionizado** positiva ou negativamente, conforme o caso.

Atualmente acredita-se que prótons e nêutrons sejam constituídos de outras partículas, os ***quarks***, e que os elétrons sejam indivisíveis. Partículas como o próton e o nêutron, que são compostas por três *quarks*, são chamadas de **bárions**.

Existem outras partículas compostas de um *quark* e um ***antiquark***, chamadas de **mésons**. Algumas partículas, como o elétron, não são constituídas de *quarks* e são chamadas de **léptons**. Mésons e bárions são chamados de **hádrons** (Figura 2-2).

Outras partículas, instáveis, aparecem em reações nucleares e existem por períodos de tempo muito curtos; servem para manter a conservação da energia; como exemplo, podemos citar os neutrinos, os **múons**, e os **táuons**, que são léptons.

Os neutrinos e antineutrinos têm massa muito pequena e carga nula; podem surgir, por exemplo, nas reações em que um nêutron decai em um próton, gerando um elétron e um antineutrino. Eles interagem muito pouco com a matéria e podem atravessar nossos corpos ou os corpos celestes sem deixar vestígios.

Múons e táuons não existem na natureza, pois decaem rapidamente em elétrons e neutrinos (devido à sua massa, múons podem decair em hádrons). Eles podem ser produzidos em colisões de alta energia, tais como as que acontecem em raios cósmicos ou em aceleradores de partículas.

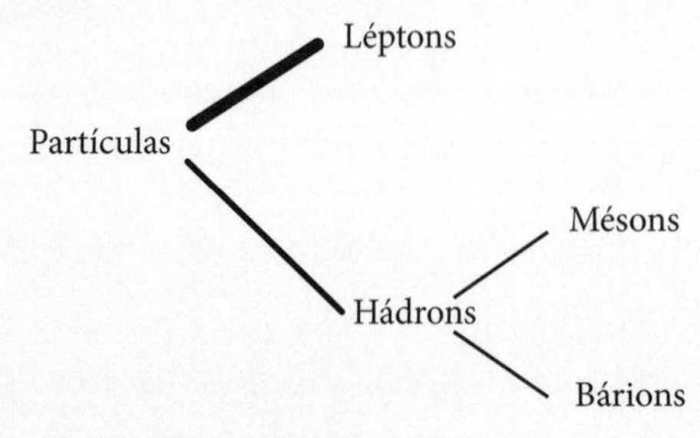

Figura 2-2. Classificação das partículas elementares.[16]

[16] Para mais informações sobre partículas elementares, consultar: PIRES, A. S. T.; CARVALHO, R. P. *Por dentro do átomo*. São Paulo: Livraria da Física, 2014.

Radiação cósmica de fundo

Uma das evidências mais fortes para se aceitar o modelo do *Big Bang* é a presença de uma radiação na faixa de micro-ondas, observada em qualquer parte do Universo, denominada **radiação cósmica de fundo**.

Nos anos 1960, os físicos norte-americanos Arno Penzias e Robert Wilson, ao trabalhar na instalação de antenas de comunicação com satélites, notaram a existência de um ruído de fundo, na faixa das micro-ondas. Não foi possível eliminar esse ruído com procedimentos experimentais nem com a limpeza do equipamento, onde alguns pombos tinham se instalado. Ele parecia ser constante, proveniente de qualquer região do espaço para onde se apontassem as antenas. Medidas feitas em alguns comprimentos de onda por esses e outros pesquisadores sugeriram que essa radiação era produzida por um corpo negro, com temperatura entre 5 K e 10 K.

Na mesma época, pesquisadores teóricos previram a existência de uma radiação de fundo, produzida na época em que os primeiros átomos foram criados, pela combinação de elétrons livres com os núcleos. Isso ocorreu cerca de 380 mil anos depois do *Big Bang*, quando o Universo se tornou transparente (antes disso, os elétrons livres espalhavam os fótons, e o Universo era opaco). A temperatura do Universo nessa época seria da ordem de 3.000 K, porém, com a expansão do Universo, já observada através do desvio para o vermelho, o que se detecta atualmente seria a radiação correspondente a um corpo negro de temperatura de cerca de 5 K.

Medidas posteriores, feitas em diversos comprimentos de onda, em observatórios situados na Terra e em satélites fora da atmosfera terrestre, permitiram que fosse obtida a curva de radiação mostrada na Figura 2-3. Comparando-se essa curva com a Figura 1-10 (Espectros de emissão de corpo negro), é possível deduzir que o Universo se comporta como um corpo negro com a temperatura de 2,7 K.

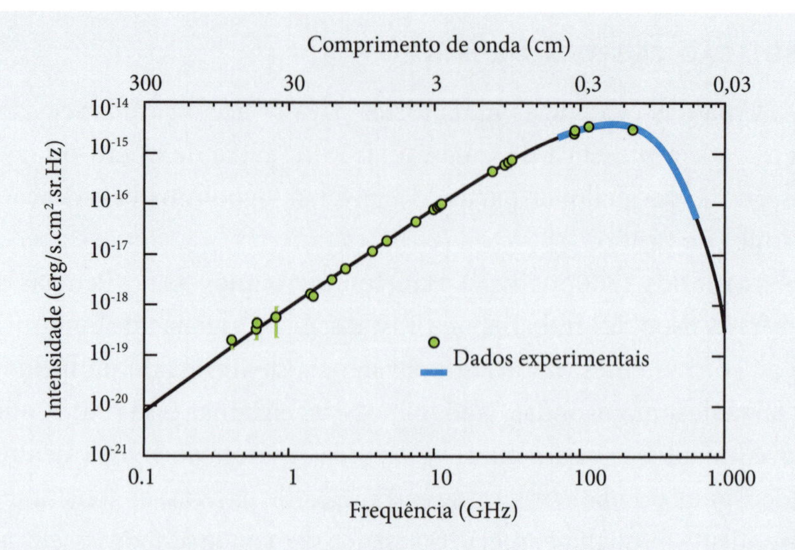

Figura 2-3. Curva de radiação de corpo negro do Universo.

Observação: "sr" é o estereorradiano, ângulo sólido formado por um cone tal que a área da esfera de raio unitário interna ao cone tenha o valor de um metro quadrado.

Adaptado de: http://tinyurl.com/2bz96kxk.

CAPÍTULO III

FORMAÇÃO DE ESTRELAS PEQUENAS E MÉDIAS

Estrelas são como os seres vivos: nascem, vivem e morrem. E, como os seres vivos, têm tamanhos e tempos de existência diferentes. A vida de uma estrela é uma luta contínua entre a força da gravidade, que tenta esmagá-la, e a pressão interna, que resiste a essa força. Algumas estrelas terminam como massas inertes, outras explodem no final da vida. Muitos fatores influenciam a evolução e a natureza do estado final de uma estrela, mas o mais importante é a sua massa inicial. A evolução pode se complicar quando uma estrela tem uma companheira próxima, pois pode haver transferência de massa de uma para a outra.

O tempo de evolução de uma estrela é muito grande comparado com o tempo da vida humana. Como podemos, então, estudar a sua evolução? Uma analogia foi apresentada pelo astrofísico britânico Arthur S. Eddington: suponhamos que caminhemos por uma floresta; nela veremos uma variedade enorme de árvores, pequenas, grandes, umas com muitas folhas, outras quebradas e secas. Mesmo sem saber como as árvores crescem, poderemos concluir que as pequenas e viçosas são novas, as altas são maduras e as secas estão na fase final de vida. Podemos traçar a evolução de uma árvore sem precisar observar uma única durante toda a sua vida. Da mesma forma, podemos deduzir a evolução das estrelas observando um grande número delas e comparando nossas deduções com previsões teóricas. Estrelas continuam sendo formadas, e um dos locais mais bem estudados onde isso acontece é a Nebulosa de Órion, a cerca de 1.500 anos-luz de distância da

Terra. O estudo de estrelas é uma área fascinante, em que descobertas importantes estão sendo feitas continuamente.

Formação de estrelas

A formação de estrelas descrita neste livro é baseada em modelos teóricos; os números apresentados dependem do modelo adotado e, portanto, podem variar de um autor para outro.

A densidade média do meio interestelar é muito baixa, cerca de um átomo por centímetro cúbico. No entanto, em nuvens gasosas, ela pode ser milhares de vezes maior. Essas nuvens são constituídas principalmente de hidrogênio, de pelo menos 10% de hélio e de traços de lítio. Uma nuvem de baixa densidade e temperatura uniforme está em equilíbrio. Se nada lhe acontecer, ela ficará estável para sempre. Uma perturbação aleatória produz uma região de maior densidade, desencadeando o processo de contração devido à atração gravitacional.

As estrelas se formam a partir dessas nuvens gigantes, quando elas começam a se contrair. Dependendo da massa da nuvem original, teremos estrelas individuais ou aglomerados estelares. Com a troca de energia entre estrelas em um grupo, algumas alcançam velocidade suficiente para escapar do grupo e se tornam estrelas solitárias. As restantes ficam ligadas gravitacionalmente, orbitando em torno do centro de massa. Na Via Láctea existem várias **estrelas binárias** (duas estrelas girando em torno do centro de massa) ou sistemas com três ou mais estrelas. O gás cósmico, inicialmente frio, esquenta à medida que a energia gravitacional é convertida em energia cinética (energia de movimento dos átomos). No início, o colapso da nuvem de gás é gradual e lento. Com o decorrer desse processo, desenvolve-se um caroço central de gás denso. Temos então o que é chamado de **protoestrela** (um objeto em cujo caroço ainda não foi iniciado o processo de fusão, que será citado a seguir). No começo de sua formação, uma protoestrela permanece fria, com um raio muito grande e uma densidade muito baixa. Ela é transparente à radiação térmica originária do caroço; assim, parte do calor gerado pela contração gravitacional pode ser irradiado livremente para o espaço, e a temperatura permanece praticamente a mesma.

Como o calor se acumula lentamente dento da protoestrela, a pressão do gás permanece baixa, e o colapso em direção ao centro prossegue rapidamente. A protoestrela emite luz fraca e difusa, devido ao aquecimento do gás causado pela contração gravitacional: seus átomos, aquecidos, emitem radiação, principalmente na forma de radiação infravermelha. À medida que a estrela encolhe, sua área superficial diminui, levando a um decréscimo na luminosidade. A contração rápida só cessa quando a estrela se torna densa e opaca o suficiente para reter o calor liberado pela contração gravitacional, que se torna mais lenta, e a temperatura da superfície começa a aumentar.

Após milhares de anos de contração, uma protoestrela de 1 massa solar terá uma temperatura de superfície de 2.000 K a 3.000 K, e um raio de cerca de 20 raios solares. À medida que o material se torna mais denso, o que leva em torno de 500 mil anos, ele fica opaco à radiação; a temperatura central aumenta rapidamente, chegando a 10 milhões de graus kelvin e levando à fusão nuclear.[17] O caroço passa, então, a gerar energia na forma de raios gama, neutrinos e partículas altamente energéticas; a energia gerada é transportada como radiação eletromagnética ou por convecção para o exterior da estrela.

Atualmente, somente 10% dos átomos que compõem o Universo estão localizados em estrelas; existem nuvens imensas de gás espalhadas pelo cosmo.

Como foi dito antes, a evolução de uma estrela depende principalmente de sua massa inicial.

Se a massa inicial da estrela é menor do que cerca de 8% da massa solar, a energia gravitacional liberada no colapso e, em consequência, a temperatura resultante do caroço são muito baixas para darem

[17] A fusão nuclear é explicada no final deste capítulo.

início ao processo de fusão de hidrogênio. O resultado é um objeto chamado de **anã marrom**, o nome nada tendo a ver com a cor da estrela. Ela emite radiação no infravermelho. Já foram catalogadas mais de mil anãs marrons, algumas orbitando outras estrelas, e em 2004 foi descoberto o primeiro planeta orbitando uma anã marrom. Alguns astrônomos chamam as anãs marrons de estrelas falhadas.

Se a massa inicial da estrela é maior que 8% da massa solar, a temperatura no caroço pode aumentar o suficiente para que, ao chegar a 10 milhões de graus, ocorra a fusão nuclear do hidrogênio. As reações nucleares ocorrem apenas no núcleo da estrela, onde estão concentrados cerca de 10% de sua massa. Nessa fase, temos um equilíbrio entre a força gravitacional, que tende a esmagar a estrela, e a pressão interna, devido às colisões em altas velocidades entre as partículas constituintes do gás, que tende a levá-la à expansão (Figura 3-1).[18] O tempo de duração desse processo, desde o início do colapso até o começo da fusão, depende da massa da estrela, podendo variar, por exemplo, entre cerca de 38 milhões de anos, para uma estrela com massa igual à massa do Sol, e 72 milhões de anos, para uma estrela com 8% da massa solar.

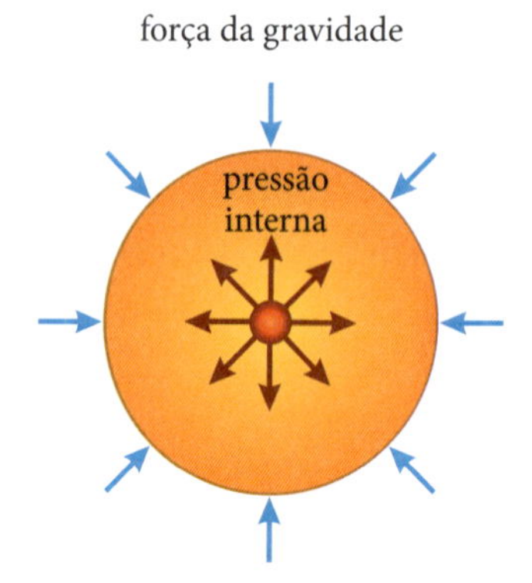

Figura 3-1. A vida de uma estrela é uma batalha constante entre a gravidade e a pressão interna, que resiste ao colapso. Se, a partir do equilíbrio, a estrela se expandir ligeiramente, diminuem sua temperatura, sua taxa de fusão e sua pressão. Com a pressão menor, a força gravitacional comprime a estrela, que se contrai novamente. Da mesma forma, se a estrela se contrair ligeiramente, a temperatura, a taxa de fusão e a pressão aumentam; a pressão mais alta leva a estrela a se expandir de volta ao tamanho anterior.

---

[18] Lembremos que a pressão de um gás aumenta com a temperatura.

A estrela entra então em uma fase que é chamada de **sequência principal**,[19] a etapa mais longa de sua vida, na qual permanece até que o hidrogênio no caroço se esgote e a fusão de hidrogênio cesse quase que subitamente. A queima de hidrogênio no caroço termina quando a estrela converte cerca de 10% de sua massa total em hélio (Figura 3-2). Por definição, a sequência principal é o estágio durante o qual uma estrela queima hidrogênio em seu núcleo.

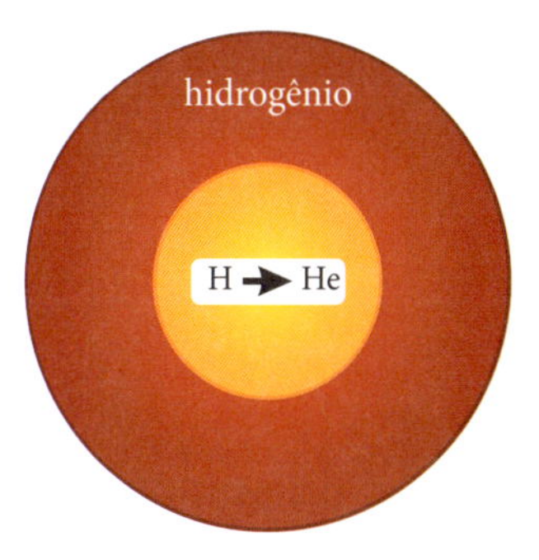

Figura 3-2. Estrela na sequência principal.

Geralmente as estrelas permanecem 90% de seu tempo de vida na sequência principal. Nela se encontra a maioria das estrelas. Essa é uma fase tranquila na vida de uma estrela, quando ela está em equilíbrio, pois qualquer flutuação nas condições de uma estrela é rapidamente corrigida; a estrela se autoajusta, mantendo relativamente o mesmo tamanho, temperatura e luminosidade até acabar quase todo o hidrogênio no caroço (Figura 3-1). Se a pressão de radiação, que atua para fora, e a força gravitacional, que atua em direção ao centro, são iguais, dizemos que temos um equilíbrio hidrostático. Quando uma estrela está em equilíbrio, a energia que ela emite para o exterior por unidade de tempo é igual à energia produzida por unidade de tempo no seu interior.

---

[19] A sequência principal é detalhada no final deste capítulo.

O tempo de vida de uma estrela na sequência principal tem uma variação muito grande, pois, como as reações nucleares são dependentes da temperatura e a temperatura depende da massa, estrelas menores são mais frias, queimam mais lentamente e vivem mais tempo.

Por exemplo, o Sol se formou do colapso gravitacional de matéria há cerca de 4,6 bilhões de anos, e deve ficar aproximadamente mais 5 bilhões de anos na sequência principal. Em cada segundo, 600 milhões de toneladas de hidrogênio são convertidas em hélio no seu interior. Uma estrela com 10 vezes a massa do Sol passa 20 milhões de anos nessa fase, e uma estrela com metade da massa solar passa 80 bilhões de anos nela. Uma estrela com 10% da massa solar viverá na sequência principal 10 trilhões de anos. Esses últimos valores são muito maiores que a idade do Universo, o que significa que todas essas estrelas estão ainda na sequência principal.

A queima de hidrogênio ocorre através da cadeia próton-próton ou do ciclo CNO, descritos no final deste capítulo. Quanto maior a massa, mais quente, mais azul e mais luminosa será a estrela, e menor o seu tempo de vida (Tabela 3-1). Como a fusão do hidrogênio depende fortemente da temperatura, um pequeno aumento da massa da estrela leva a uma taxa de fusão mais elevada. Durante a permanência na sequência principal, a composição do caroço muda lentamente de hidrogênio para hélio. Estrelas de massa pequena, comparada com a massa do Sol, são vermelhas, e as de massa intermediária são amarelas. Estrelas de massa grande, que serão discutidas no próximo capítulo, são extremamente quentes e têm pico de emissão de luz na região ultravioleta. Por exemplo, Sirius, a estrela mais brilhante vista a olho nu, tem uma cor azulada, e sua massa é o dobro da massa do Sol.

Massa da estrela em unidades da massa solar	Temperatura da superfície (K)	Tempo na sequência principal (milhões de anos)
25	35.000	4
15	30.000	15
3	11.000	800
1,5	7.000	4.500
1,0	6.000	10.000
0,75	5.000	25.000
0,50	4.000	700.000

Tabela 3-1. Relação entre a massa de uma estrela, sua temperatura e seu tempo de permanência na sequência principal.

Quando o hidrogênio no núcleo da estrela é totalmente consumido, ela sai da sequência principal, usualmente com uma expansão da camada envoltória externa. O que acontece a seguir depende da massa que ela possuía quando começou a se formar.

Devemos ter em mente que a temperatura do caroço de uma estrela é muito diferente da temperatura de sua superfície. Por exemplo, no nosso Sol, a temperatura do caroço é de 15 milhões de graus kelvin, enquanto a temperatura média da superfície é de apenas 6 mil graus kelvin. Quando falamos da cor, estamos falando da temperatura da superfície; quando falamos da fusão nuclear, que acontece no interior da estrela, estamos falando da temperatura do caroço.

Estrelas de massa pequena

As chamadas **anãs vermelhas** são estrelas na sequência principal com massa inicial entre 0,08 (8%) e 0,45 (45%) da massa solar e temperatura de superfície abaixo de 4.000 K. Estima-se que elas constituam 80% das estrelas na Via Láctea. A queima de hidrogênio nunca atinge uma temperatura suficiente para a fusão do hélio no núcleo. A energia liberada pela fusão do hidrogênio no núcleo dessas estrelas é levada para a superfície pelo processo de convecção do material estelar, causando turbulência na atmosfera da estrela. A estrela Proxima Centauri, por exemplo, é uma anã vermelha.[20]

A convecção não só transporta calor para a superfície, mas também mistura material no interior da estrela. Como o hélio criado no caroço é distribuído por toda a estrela, não há concentração desse elemento no caroço, a estrela não entra no ciclo de fusão de hélio e assim se contrai sob a ação da força gravitacional. A estrela sai da sequência principal e se torna o que é chamado de anã branca de hélio, que eventualmente se transforma em uma anã negra.

A Figura 3-3 mostra esquematicamente a evolução das estrelas de massa pequena.

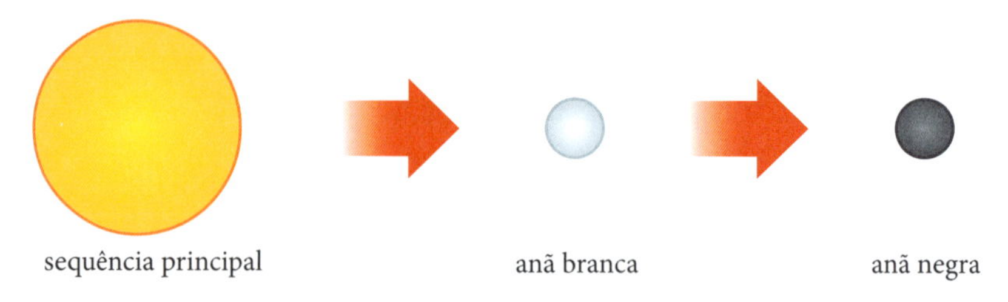

Figura 3-3. Evolução de uma estrela de massa menor que 45% da massa solar.

Note que a figura é apenas esquemática. Ela não está em escala com os tamanhos reais dos objetos.

---

[20] Lembremos que **calor** é a energia fluindo espontaneamente de uma região de alta temperatura para uma de temperatura mais baixa. Em estrelas, temos essencialmente dois mecanismos para o transporte de energia: a radiação e a convecção. A **radiação** é a propagação de energia sob a forma de ondas eletromagnéticas, como a luz. A **convecção** ocorre, por exemplo, em uma panela com água no fogão: a água próxima da chama é mais quente que a água na parte superior, portanto, menos densa. A água quente sobe e libera calor, enquanto a água fria, mais densa, desce e começa a se aquecer. A mesma coisa acontece com o gás que forma uma estrela: o gás quente se desloca para as camadas externas da estrela, e o gás mais frio "desce" para o caroço, onde é aquecido e "sobe" novamente.

Estrelas com massa intermediária

Estrelas com massa inicial intermediária têm entre 0,45 e 8 massas solares.[21] Essas estrelas se contraem por um período de 100 mil a 10 milhões de anos, antes de alcançarem a sequência principal e se iniciar a fusão do hidrogênio no seu centro. Esse é um tempo pequeno, se comparado com o tempo de vida de uma estrela: um milhão é um milésimo de bilhão.

Quando o hidrogênio é consumido devido à fusão, o hélio domina a composição do caroço, mas, como esse elemento precisa de uma temperatura mais alta para fundir, a fusão cessa subitamente. A estrela esfria, os átomos no interior se movem mais lentamente, a pressão diminui e o caroço volta a se contrair, pressionado pela massa em torno de si. A estrela sai da sequência principal. A contração é rápida, devido à ausência de reações nucleares, e, uma vez mais, transforma energia gravitacional em energia cinética dos átomos.

Como o calor é transferido para as camadas externas da estrela, a parte central não pode usá-lo para manter a pressão e se contrai. Por sua vez, o calor transferido aquece o hidrogênio em uma camada em volta, onde a temperatura alcança um valor suficiente para dar origem ao processo de fusão de hidrogênio em hélio nessa segunda camada. A maioria das estrelas produz mais energia por segundo quando está fundindo hidrogênio nas camadas em torno do caroço de hélio do que quando a fusão de hidrogênio estava confinada nele. A luminosidade da estrela é mantida pela queima de hidrogênio nessa camada. O aumento da pressão da radiação leva a uma expansão das camadas externas e ao aumento da luminosidade da estrela.[22] O raio da estrela aumenta tanto que a temperatura da superfície diminui, pois, apesar de a estrela emitir mais radiação do que quando estava

[21] Não se sabe exatamente o limite de transição, mas a maioria dos autores define 8 massas solares como a fronteira entre a massa intermediária e a massa grande.

[22] Lembremos que um gás se expande quando aquecido.

na sequência principal, a área da superfície estelar é bem maior, o que leva a uma diminuição da temperatura na superfície.

A estrela fica simultaneamente mais luminosa e mais fria. Ela se torna uma **gigante vermelha**, embora sua cor, quando observada da Terra, possa parecer mais com vermelho-alaranjado. A transição da sequência principal para o ramo das gigantes vermelhas é chamada de "ramo de subgigantes vermelhas".

Temos, então, um caroço de hélio inerte, e hidrogênio sendo fundido em hélio em uma camada em volta. A estrela mantém essa nova configuração por um período de cerca de 1 bilhão de anos (Figura 3-4).

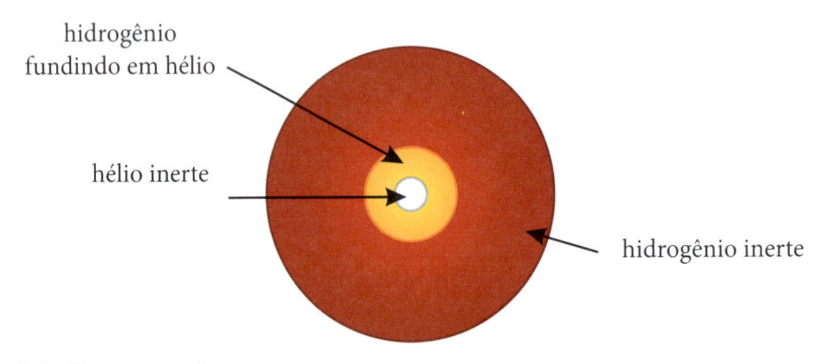

Figura 3-4. Gigante vermelha.

Observação: a figura não está em escala; para uma gigante vermelha com 5 massas solares, o caroço de hélio mede 0,1 raios solares; a camada que funde hidrogênio mede 0,2 raios solares, e o raio da superfície é de 70 raios solares.

À medida que hidrogênio é fundido em hélio na camada em volta do caroço, a pressão interna da estrela diminui, porque, após a fusão, tem-se 4 vezes menos núcleos. Isso leva a um desequilíbrio entre pressão e força da gravidade, e o caroço é comprimido.

O hélio formado pela fusão de hidrogênio na envoltória tem mais massa que o hidrogênio e tende a se mover para o centro da estrela, aumentando a massa central. Com isso, o caroço se contrai ainda mais e fica ainda mais quente. Nessa fase, não há fusão no caroço; há somente hidrogênio se fundindo em hélio na envoltória, e uma camada externa de hidrogênio. A contração do caroço libera energia gravitacional, que aumenta a temperatura da camada de hidrogênio em volta, aumentando a eficiência da reação nuclear de fusão. A camada de hidrogênio na qual a fusão ocorre se move gradualmente para fora, ficando cada vez mais fina.

A contração do caroço corresponde a uma expansão da envoltória externa da estrela, pois parte da energia produzida internamente é usada para aumentar o raio estelar, mas a luminosidade permanece essencialmente estável. O esfriamento das camadas externas da estrela leva à formação de átomos neutros, que absorvem a radiação, e, assim, essas camadas ficam opacas. A opacidade significa que calor não pode escapar por radiação através das camadas externas; o calor é transportado para a superfície por convecção.

Quando, finalmente, a temperatura no caroço alcança 100 milhões de graus kelvin, uma grande mudança acontece: começa a fusão do hélio em carbono, em que três núcleos de hélio (partículas alfa) se combinam em um núcleo de carbono. É preciso notar que núcleos de hélio têm dois prótons e dois nêutrons, ou seja, duas vezes a carga elétrica do hidrogênio. Portanto, a repulsão eletrostática entre núcleos de hélio é quatro vezes mais forte do que entre núcleos de hidrogênio, por isso é necessária uma temperatura mais alta para aproximar os núcleos de hélio e dar início ao processo de fusão em carbono. Esse é o chamado **processo triplo alfa**. O caroço se expande e as camadas externas ficam mais quentes, ionizando o hidrogênio, o que as torna novamente transparentes à radiação e faz cessar a convecção: um novo equilíbrio entre o peso das camadas superiores e a pressão interna é alcançado. A temperaturas que permitem o processo triplo-alfa ocorrer, é possível ocorrer a fusão de carbono com hélio para formar oxigênio, o que acontece com parte do carbono.

Enquanto a estrela está transformando hélio em carbono, ela sai do grupo das gigantes vermelhas.

A fonte principal de energia nessa fase é a queima de hélio na parte central, mas temos também energia adicional devido à queima de hidrogênio na camada em volta do caroço. A estrela se ajusta a um novo equilíbrio e entra em uma fase relativamente estável de queima de hélio no caroço, similar a quando estava queimando hidrogênio na sequência principal. Carbono e oxigênio se acumulam lentamente na parte central, enquanto a estrela começa a se contrair. A estrela fica amarelada, devido à temperatura de sua superfície.

O processo triplo-alfa não é muito eficiente em produzir energia, por isso dura apenas cerca de 100 milhões de anos. A estrela adquire um caroço de carbono-oxigênio. Temos ainda camadas queimando hélio, seguidas de outras queimando hidrogênio. Com o calor gerado por essas reações, as camadas externas se expandem.

Depois de cerca de 100 milhões de anos, o hélio no caroço foi totalmente transformado em carbono, o equilíbrio entre pressão e força gravitacional é novamente quebrado e o núcleo volta a se contrair, durante cerca de 20 milhões de anos. A energia térmica liberada pela contração provoca a ignição da fusão de hélio em uma primeira camada em torno do caroço, enquanto hidrogênio se funde em uma segunda camada, mais externa.

O aumento da taxa em que hidrogênio é convertido em hélio na camada além do caroço leva a um aumento da luminosidade e à expansão da camada superior, que se esfria. A estrela fica maior do que ficou quando se tornou uma gigante vermelha, e dizemos que ela entrou no **ramo das assintóticas gigantes** (RAG).[23]

Não devemos confundir o ramo das gigantes vermelhas com o ramo das assintóticas gigantes. As gigantes vermelhas têm somente uma camada queimando hidrogênio, enquanto as RAG têm duas camadas: uma queimando hélio e outra queimando hidrogênio (Figura 3-5).

---

[23] Alguns autores chamam estrelas nessa fase de supergigantes vermelhas, mas esse nome é mais bem usado para designar as supergigantes vermelhas introduzidas na próxima seção, que são diferentes.

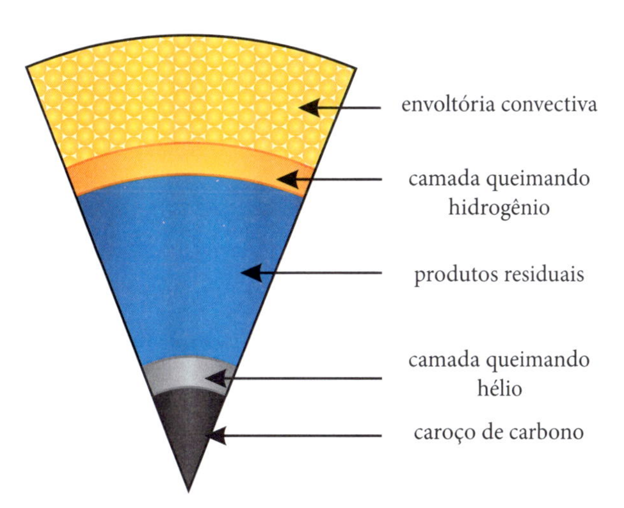

Figura 3-5. RAG queimando em dupla camada, quando a camada de hidrogênio entra em ignição novamente.
Observação: a figura não está em escala; por exemplo, o raio do caroço na fase inicial é de apenas 0,0008 do raio da estrela.

Quando termina a fusão de hélio na parte central, o caroço inerte, constituído de carbono e oxigênio, contrai-se, devido à força gravitacional. Na região de massas considerada aqui, a temperatura central não atinge o valor necessário para a fusão do carbono. O caroço de carbono-oxigênio está agora cercado por uma camada que funde hélio em carbono-oxigênio pelo processo triplo-alfa e outra que queima hidrogênio em hélio pelo processo CNO. Entre as duas camadas, temos uma região intermediária, na qual se acumula hélio produzido na camada mais externa, bem como elementos produzidos na camada mais interna, que se deslocam para camadas mais externas pelo processo de convecção. A fusão do hélio leva a uma expansão das envoltórias superiores. A camada que funde hidrogênio se expande e esfria, e a fusão cessa.

Quando acaba o hélio na camada em torno do núcleo, onde ocorria a fusão desse elemento, a envoltória superior esfria e se contrai. Essa contração aumenta a temperatura na camada mais externa, de hidrogênio, que entra novamente em ignição. Isso tem o efeito de aquecer e comprimir a camada de hélio mais central.

O hidrogênio queima a uma temperatura mais baixa que o hélio. Assim, ele não causa a ignição do hélio; esta é causada pela contração.

Finalmente, as camadas externas da estrela são lançadas ao espaço, formando o que é chamado de **nebulosa planetária**. O nome nada tem a ver com a formação de planetas. Ele foi cunhado no final do século XVIII pelo astrônomo alemão William Herschel, que pensou que esses objetos luminosos escondessem sistemas planetários em processo de formação. O nome permaneceu e é ainda usado. A nebulosa planetária se expande com velocidade de cerca de 20 km/s, cresce em tamanho e eventualmente fica tão tênue que a radiação passa por ela e permite que a estrutura interna seja vista. Depois de 50 mil anos, a nebulosa se mistura com o gás interestelar. Os elementos pesados ejetados vão fazer parte de protoestrelas futuras.

Uma nebulosa típica tem uma massa estimada em cerca de 20% da massa solar. O caroço remanescente de carbono se contrai rapidamente, e a temperatura de sua superfície aumenta, atingindo cerca de 100.000 K.

Se a massa inicial da estrela, enquanto na sequência principal, é menor do que 8 massas solares, a força gravitacional é insuficiente para que ela adquira uma temperatura central necessária para fundir carbono.

O colapso do núcleo é impedido pelo que é chamado de **degenerescência dos elétrons**.[24] A fusão nas camadas de hidrogênio e hélio para, e o caroço se torna uma **anã branca de carbono e oxigênio**. Esse é o destino da maioria das estrelas, inclusive do Sol.

[24] O princípio de exclusão de Pauli diz que duas ou mais partículas, como o elétron, não podem ocupar o mesmo estado, ou seja, ocupar o mesmo lugar e se mover com a mesma velocidade; um gás de elétrons nessas condições é chamado **degenerado**.

O limite de Chandrasekhar

Em 1928, o estudante indiano Subrahmanyan Chandrasekhar, então com 18 anos, durante uma viagem de navio da Índia para a Inglaterra, concluiu que, quando uma estrela, depois de consumir todo o seu combustível, sofresse contração e se tornasse suficientemente densa, tal que a velocidade dos elétrons se aproximasse da velocidade da luz, ela não seria capaz de sustentar-se contra a sua própria gravidade. Porém, a partir de um valor limite de massa, a degenerescência dos elétrons exerceria uma pressão suficiente para impedir o colapso gravitacional. O valor da massa obtida para uma anã branca foi cerca de 1,4 massas solares (o valor preciso depende da composição química da estrela). Nesse limite, a densidade é de seis toneladas por centímetro cúbico.

Seu cálculo não foi levado a sério na época, inclusive por Einstein, e foi criticado pelo famoso astrônomo inglês Sir Arthur Eddington. Porém, em 1983, Chandrasekhar ganhou o Prêmio Nobel por seus trabalhos sobre a origem, a evolução e a composição de estrelas.

Para estrelas de uma massa solar, a massa da anã branca resultante será de cerca de 60% de sua massa inicial, comprimida em um volume aproximadamente igual ao volume da Terra. A densidade média no caroço é de cerca de uma tonelada por centímetro cúbico, e a força da gravidade em sua superfície pode chegar a um milhão de vezes a força gravitacional na superfície da Terra. A massa de uma anã branca varia entre 0,17 e 1,33 massas solares, e a maioria tem massa entre 0,5 e 0,7 massas solares. Nota-se que, quanto maior a massa, menor o raio da anã branca.

A região central de uma anã branca típica é composta de carbono e oxigênio. Existe uma envoltória fina de hélio e, na maioria dos casos, outra envoltória de hidrogênio.

Quando formada, uma anã branca é muito quente, mas, como não tem uma fonte de energia, com o passar do tempo esfria lentamente, perde gradualmente o brilho e se transforma em uma **anã negra**, ou seja, uma massa de matéria fria, inacessível às observações astronômicas comuns. Porém, o Universo não tem idade suficiente para uma estrela ter chegado ao estágio de anã negra: uma anã branca pode brilhar com luminosidade constante por trilhões de anos. Estima-se que 97% das estrelas terminem como anãs brancas. A Figura 3-6 mostra esquematicamente a evolução dessas estrelas.

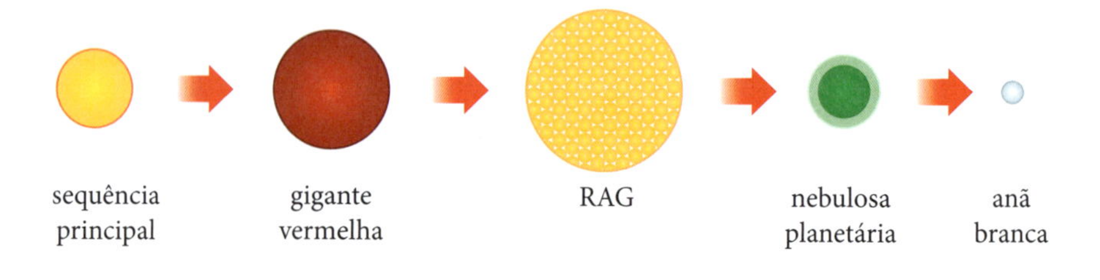

Figura 3-6. Evolução de uma estrela com massa entre 0,45 e 8 massas solares. Essas estrelas são geralmente amarelas quando estão na sequência principal, como o nosso Sol. Na fase gigante vermelha, há um caroço de hélio inerte e hidrogênio queimando em uma camada em volta. Quando passa a queimar hélio no caroço, a estrela sai do ramo das gigantes vermelhas e fica amarelada. Na fase RAG temos uma camada queimando hélio e outra camada queimando hidrogênio.
Observação: note que essa figura, como a Figura 3-3, é apenas esquemática. Ela não está em escala com os tamanhos reais dos objetos.

Fusão nuclear

O processo de fusão nuclear é importante para entendermos o funcionamento de uma estrela. Ele ocorre quando dois ou mais núcleos atômicos se juntam para formar um núcleo maior. No caso mais simples, em temperaturas altas, em cada colisão entre dois prótons, um deles é transformado em um nêutron, com a emissão de um pósitron, um neutrino e fótons. Assim, é formado um núcleo de deutério, que é um isótopo de hidrogênio com o núcleo constituído de um próton e um nêutron.[25] Por meio de reações subsequentes, dois núcleos de deutério se fundem, transformando-se em hélio (dois prótons e dois nêutrons). Nesse processo, uma enorme quantidade de energia é liberada, principalmente na forma de fótons e neutrinos. O efeito resultante é a transformação de quatro átomos de hidrogênio em um átomo de hélio (Figura 3-7).

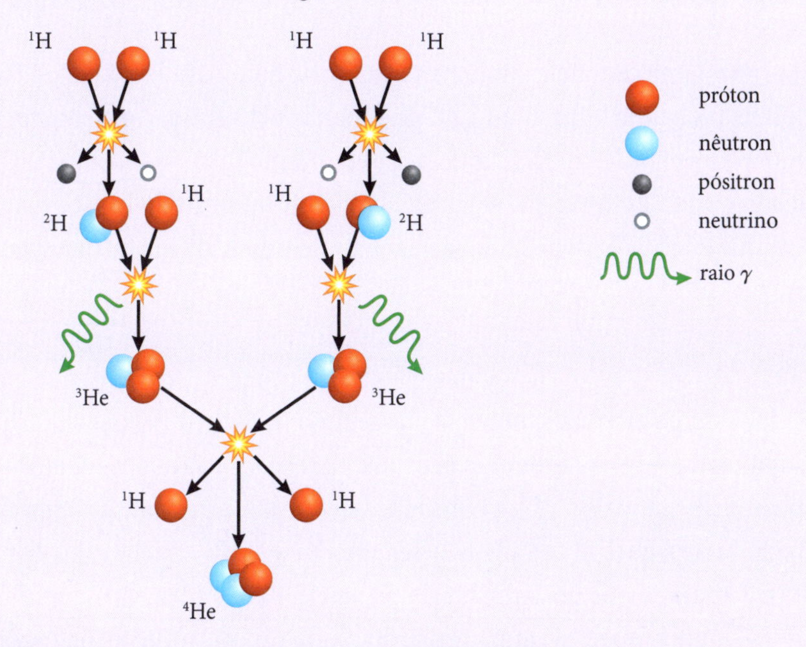

Figura 3-7. Representação esquemática da fusão de hidrogênio em hélio no ciclo PP.
Observação: o sobrescrito do lado esquerdo no símbolo do elemento indica o número total de prótons mais nêutrons no núcleo.
Adaptado de: https://tinyurl.com/ta4kws4e.

Os prótons têm carga positiva, portanto, quando um é aproximado do outro, eles se repelem. No entanto, a distâncias muito pequenas, faz-se sentir uma nova força de atração, chamada de força nuclear, que é muito mais forte do que a força elétrica de repulsão e permite a ligação entre os prótons. A força nuclear atua sobre prótons e também sobre

[25] No gás interestelar, temos cerca de um núcleo de deutério para cada 50.000 núcleos de hidrogênio.

os nêutrons, que são necessários para estabilizar a ligação. Para vencer a barreira da força de repulsão elétrica, os núcleos precisam estar se movendo rapidamente, ou seja, é necessário uma energia cinética muito grande, o que demanda temperaturas altas. Mas, uma vez que o hélio é formado, a energia liberada é muito maior do que a energia usada para a sua formação. A cadeia próton-próton (PP) descrita anteriormente ocorre em uma temperatura da ordem de 15×10^6 K. A fusão de 1 g de hidrogênio em hélio libera energia suficiente para levantar 64.000 toneladas a uma altura de 1 km, na superfície da Terra; 1 g de hidrogênio é convertido em 0,993 g de hélio. A diferença de massa de 0,007 g é convertida em energia, segundo a famosa equação de Einstein, que diz que energia é igual à massa vezes a velocidade da luz ao quadrado:

$$E = mc^2.$$

A carga elétrica sempre se conserva, ela não é destruída. Assim, se inicialmente existem dois prótons na reação, a carga inicial total é positiva e tem valor +2, em unidades de carga do próton. A carga das partículas finais deve também ser igual a +2. Na cadeia PP, a carga extra aparece nos pósitrons, que possuem carga positiva.

Quando a temperatura aumenta, cada próton adquire, na média, mais energia cinética. Isso aumenta a probabilidade da sua interação com outro próton, e, como resultado, a taxa de fusão aumenta. Para o ciclo próton-próton, a taxa de fusão aumenta aproximadamente com a quarta potência da temperatura.

A temperaturas mais elevadas, a fonte de energia dominante é o ciclo CNO. Nesse ciclo, quatro prótons se fundem para produzir um núcleo de hélio, dois pósitrons e dois neutrinos. A reação ocorre na presença de isótopos de carbono, nitrogênio e oxigênio, que já estavam presentes no núcleo estelar e atuam como catalisadores (Figura 3-8). Cálculos teóricos mostram que esse ciclo é dominante em estrelas com massa acima de 1,3 massas solares. Nesse processo, a quantidade dos átomos de carbono, nitrogênio e oxigênio no núcleo da estrela permanece a mesma, uma vez que esses elementos atuam apenas como catalisadores.

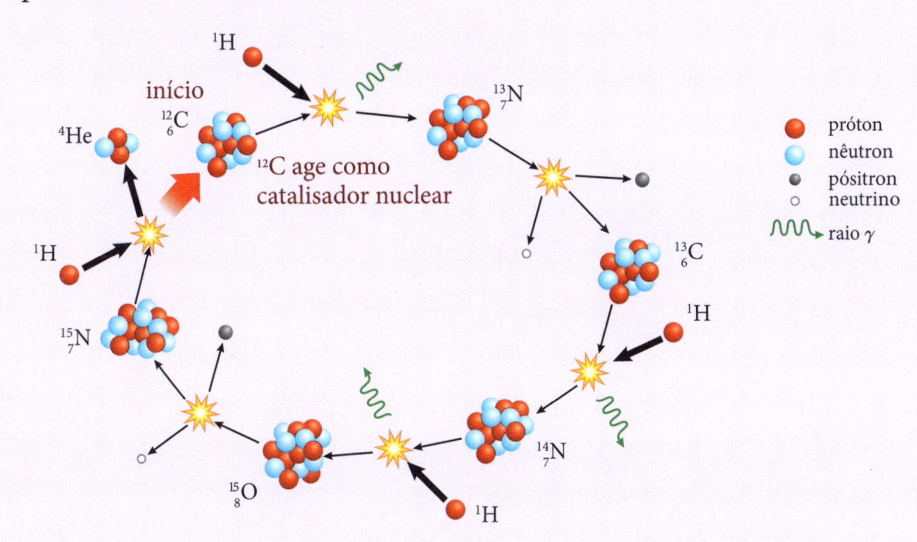

Figura 3-8. Fusão de hidrogênio em hélio no ciclo CNO. Adaptado de: https://tinyurl.com/ta4kws4e.

Elementos mais pesados também são formados por fusão, porém, isso se dá a uma temperatura mais alta, pois será necessário aproximar núcleos que contêm mais cargas positivas, que tendem a se repelir.

No processo triplo-alfa, por exemplo, três núcleos de hélio (partículas alfa) se fundem, dando origem a um núcleo de carbono (Figura 3-9). Note que, nesse processo, não são obtidos como produto final os elementos lítio, berílio e boro, mais leves que o carbono, o que faz com que estes sejam elementos raros.

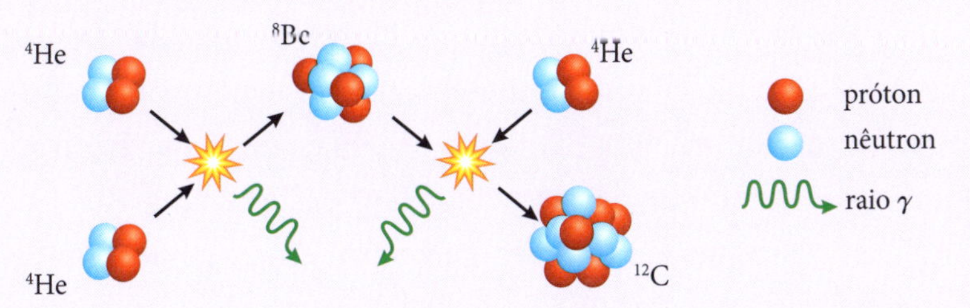

Figura 3-9. Fusão de hélio em carbono, no processo triplo-alfa. Adaptado de: https://tinyurl.com/y792rkcs.

A fusão nuclear é uma das fontes de energia mais eficientes. Por razões tecnológicas, ainda não conseguimos realizar o processo de maneira eficiente em laboratórios, mas acreditamos que esta será nossa fonte de energia no futuro.

Glossário

- **próton:** partícula positiva que compõe o núcleo atômico.
- **nêutron:** partícula sem carga elétrica que compõe o núcleo atômico.
- **elétron:** partícula negativa que interage com os prótons para compor um átomo; os elétrons têm massa aproximadamente 2.000 vezes menor que a dos prótons ou dos nêutrons.
- **pósitron:** antipartícula do elétron; quando encontra um elétron, as duas partículas aniquilam-se, liberando radiação gama.
- **neutrinos:** são partículas sem carga elétrica e de massa extremamente pequena.
- **isótopos:** núcleos que contêm o mesmo número de prótons (e que, portanto, correspondem ao mesmo elemento), porém possuem um número diferente de nêutrons (tendo, portanto, massas diferentes).

O diagrama HR e a sequência principal

O diagrama de Hertzsprung-Russell, também conhecido por diagrama HR, é uma forma de representar as características das estrelas, proposta pelo químico e astrônomo dinamarquês Ejnar Hertzsprung e pelo astrônomo norte-americano Henry Norris Russell.

Esse diagrama é um instrumento fundamental de visualização de modelos de evolução estelar. Consiste em um gráfico que tem, no eixo-x, a temperatura da superfície da estrela, que é a que conseguimos medir, e no eixo-y, sua luminosidade, que corresponde à quantidade total de energia eletromagnética emitida por ela, por unidade de tempo. Algumas vezes, a classe espectral é apresentada no eixo-x, pois ela está ligada à temperatura superficial da estrela.

Como os valores de temperatura e luminosidade têm muita variação, as escalas do gráfico são, em geral, logarítmicas. A escala de luminosidade cresce de baixo para cima, como habitualmente acontece em gráficos x-y, porém a temperatura, por razões históricas, cresce da direita para a esquerda (Figura 3-10).

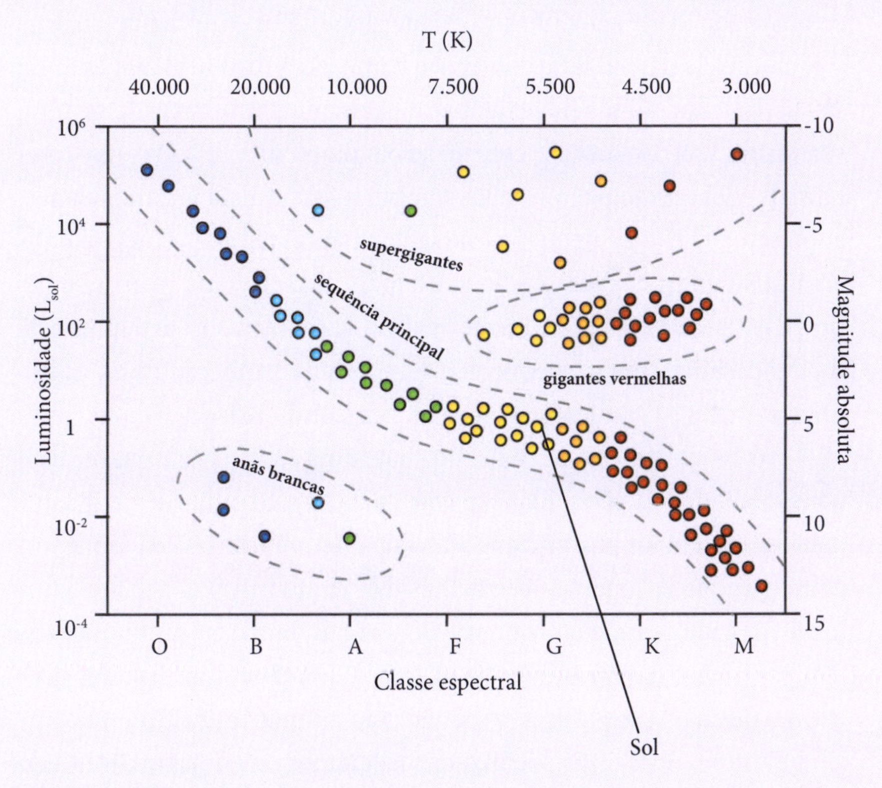

Figura 3-10. Diagrama HR mostrando a sequência principal e a localização das supergigantes, gigantes vermelhas e anãs brancas.

Adaptado de: http://tinyurl.com/msv2thz8.

A posição de uma estrela no diagrama HR não está relacionada com sua posição no céu. Embora a estrela se desloque pelo diagrama enquanto envelhece, ela não se move no espaço.

Estrelas quentes e brilhantes, as gigantes azuis, estarão situadas no canto esquerdo superior do diagrama; estrelas frias e com pouco brilho ficarão no canto inferior direito. No diagrama HR, vemos que há uma faixa que liga essas duas regiões, onde está localizada a maioria das estrelas conhecidas: essa é a **sequência principal**; as estrelas localizadas nela geram energia através da fusão de hidrogênio. Quando uma protoestrela evolui e entra na sequência principal, ela é chamada de estrela de idade zero. Ou seja, idade zero indica o momento em que a protoestrela parou de se contrair e começou a fundir hidrogênio no seu caroço. Na sequência principal, a massa de uma estrela determina sua localização; a massa cresce de baixo para cima. Estrelas massivas na sequência principal têm altas temperaturas e altas luminosidades, enquanto estrelas de pequena massa têm baixas temperaturas e baixas luminosidades. Na sequência principal, quanto mais quente, mais brilhante será a estrela. A luminosidade varia com a quarta potência da temperatura; então, pequenas variações na temperatura do corpo celeste levam a grandes variações na sua luminosidade.

No canto superior direito do diagrama existe uma quantidade considerável de estrelas. Elas são frias, mas muito brilhantes, o que indica que devem ser muito grandes, comparadas às estrelas da sequência principal. São as gigantes vermelhas. No canto inferior esquerdo fica também uma grande quantidade de estrelas; embora muito quentes, elas são pouco luminosas, indicando que seu tamanho deve ser bem menor que as da sequência principal. São as anãs brancas.

Protoestrelas estão localizadas inicialmente na parte direita do diagrama HR, antes de se moverem para a sequência principal.

Supernovas estão fora do diagrama. Quando surgem, elas têm uma temperatura de superfície de 15.000 K e luminosidade de um bilhão de vezes a luminosidade do Sol.

O diagrama HR é útil para ilustrar a evolução de uma estrela a partir da sequência principal. A Figura 3-11 mostra alguns exemplos.

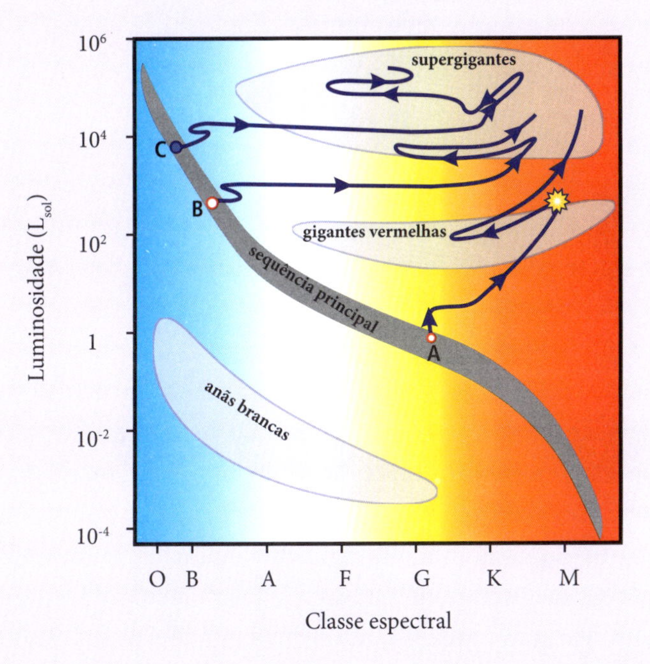

Figura 3-11. Evolução de algumas estrelas a partir da sequência principal. (A): massa igual a 1 massa solar; (B): massa igual a 5 massas solares; (C): massa igual a 10 massas solares.

O Sol

O Sol é a estrela mais próxima de nós, estando a 150 milhões de quilômetros de distância da Terra; por isso, é a mais bem estudada e conhecida. Ele fornece a energia que permite a nossa existência na Terra.

Muitas vezes, o estudo de outras estrelas é feito tomando o Sol como referência.

Estrutura do Sol

A maior parte do Sol é composta de hélio e hidrogênio, não havendo superfícies sólidas. Ele é dividido em seis camadas:

Caroço: onde ocorre a fusão de hidrogênio. O diâmetro do caroço do Sol é cerca de 25 vezes maior que o diâmetro da Terra, e sua densidade é de aproximadamente 150g/cm^3 (20 vezes mais denso do que o ferro). Apesar dessa densidade, o caroço não é sólido, devido à sua alta temperatura (15 milhões de graus kelvin). Ele é um plasma, que é similar a um gás, mas com a maior parte dos átomos ionizados.

Zona radiativa: corresponde à metade do raio solar. A energia produzida no caroço é irradiada através dessa região, ou seja, o transporte de energia é feito por fótons.

Zona convectiva: nessa região, a energia oriunda da zona radiativa é transportada por meio de correntes de convecção.

As três camadas mais externas constituem a atmosfera solar:

Fotosfera: é a região onde a estrela deixa de ser transparente e passa a ser opaca à luz. Ela tem cerca de 300 km de extensão. É nela que ocorrem as manchas solares. A temperatura da fotosfera é de 6.000 K.

Cromosfera: tem baixa densidade e alta temperatura (cerca de 30.000 K); ela se estende por cerca de 10.000 km acima da fotosfera. A cromosfera é difícil de ser observada, pois sua radiação é menos intensa que a da fotosfera.

Corona: essa é a camada mais externa da atmosfera solar. Ela se estende por cerca de 12 raios solares e é constituída principalmente de hidrogênio ionizado e traços de elementos pesados, tais como silício, ferro e magnésio. Apesar de estar mais distante do centro, sua temperatura atinge 2 milhões de graus kelvin. Porém, apesar da temperatura alta, a quantidade de energia na corona é pequena, devido à baixa densidade. Os átomos estão tão esparsos que o conteúdo de energia por centímetro cúbico é bem menor do que nas regiões internas do Sol.[26]

O brilho da corona é metade do brilho da Lua cheia, e a olho nu só conseguimos observá-la durante um eclipse solar. A razão para isso é o brilho dominante da fotosfera. As partículas na corona se movem em velocidades tão altas que podem escapar da gravidade, causando o vento solar. A origem da temperatura alta nessa região não é bem entendida. Uma hipótese seria que ondas magnéticas transportam calor da zona convectiva até a corona. O fenômeno já foi também observado em outras estrelas.

Tamanho e massa do Sol

O diâmetro solar é de 1.392.700 km, ou seja, cerca de 110 vezes maior que o da Terra. O cálculo mais preciso é feito com base no trânsito de Mercúrio, o que acontece quando esse planeta fica entre o Sol e a Terra.

A massa solar é calculada usando-se a equação de gravitação de Newton e equivale a cerca de 333.000 massas da Terra. Estima-se que o Sol seja mais massivo do que 95% das estrelas no Universo.

Cor e temperatura das estrelas

Existem estrelas vermelhas, azuis, amarelas e brancas. Mas e as estrelas verdes? Como foi dito, a cor depende da temperatura da superfície da estrela: as estrelas mais frias são vermelhas, as mais quentes são azuis. As estrelas podem emitir luz em toda a faixa do espectro: infravermelha, vermelha, laranja, amarela, verde, azul, violeta e ultravioleta.

[26] Para comparação, podemos notar que o número de moléculas por centímetro cúbico na atmosfera terrestre, ao nível do mar, é 10^{10} vezes maior que o número de átomos por centímetro cúbico na corona solar.

A radiação visível das estrelas consiste em luz de diferentes cores puras (cores espectrais) em proporções variáveis, dependendo da temperatura da estrela; mas elas emitem também radiação em frequências mais altas ou mais baixas que as citadas. Estrelas como o Sol, de fato, têm seu pico de emissão na parte verde do espectro – temos mais fótons vindo de nosso Sol com energia correspondente ao verde, no entanto, ele parece amarelo.

Na verdade, no espaço, o Sol seria visto como branco, com pico no verde-amarelo e iguais quantidades de comprimentos de onda vermelho e azul. Ele aparece amarelo como visto na superfície da Terra porque o nitrogênio na atmosfera espalha a luz azul, deixando passar comprimentos de onda mais longos. Isso explica também por que o céu é azul.

Vemos a cor verde se um corpo emite luz somente nessa cor. Todavia, uma estrela emite luz em uma faixa de cores, e essa mistura de cores faz com que percebamos a luz como branca em uma estrela com o pico do espectro no verde. O mesmo acontece com uma barra metálica quando aquecida: quando ela é quente o suficiente para emitir luz verde ou violeta, está geralmente emitindo em todas as cores com frequências mais baixas, e o resultado é que ela é vista como branca.

Em outras palavras, em primeira aproximação, podemos supor que na luz de uma estrela apenas três cores espectrais adjacentes são importantes. A média dessas cores determina, então, a cor em que vemos a estrela (Quadro 3-1).

Cores espectrais	Cor vista
roxo, azul	azul
roxo, azul, verde	azul
azul, verde, amarelo	branco
verde, amarelo, laranja	amarelo
amarelo, laranja, vermelho	laranja
laranja, vermelho	vermelho
vermelho	vermelho

Quadro 3-1. Relação entre as cores espectrais emitidas por uma estrela e a sua cor.

Como resultado da evolução, nossos olhos são mais sensíveis ao pico da luz emitida pelo Sol. Se nosso Sol fosse uma estrela vermelha, nossos olhos seriam mais sensíveis ao vermelho. Para especificar a cor exata de uma estrela, os astrônomos medem seu brilho aparente usando filtros, cada um dos quais transmite somente a luz de uma faixa estreita de comprimentos de onda, que definem as cores.

Composição

A composição do Sol pode ser determinada através da espectroscopia. A Tabela 3-2 indica os diversos elementos encontrados.

Elemento	% por número de átomos	% por massa
Hidrogênio	92,0	73,4
Hélio	7,8	25,0
Carbono	0,02	0,20
Nitrogênio	0,008	0,09
Oxigênio	0,06	0,80
Neônio	0,01	0,16
Magnésio	0,003	0,06
Silício	0,004	0,09
Enxofre	0,002	0,05
Ferro	0,003	0,14

Tabela 3-2. A composição do Sol.

Manchas solares e auroras

Na base da zona convectiva do Sol, os átomos estão ionizados e são levados para o exterior, para as regiões mais frias, onde eles se recombinam e liberam energia de ionização. Correntes elétricas são geradas pelo fluxo de gases quentes ionizados na zona convectiva. Essas correntes produzem fortes campos magnéticos na superfície.

Nas regiões onde os campos são fortes, as partículas suprimem a convecção e reduzem o fluxo de calor, criando regiões relativamente frias, que aparecem como manchas mais escuras que seu entorno.

Quando a atividade solar é mais intensa, são ejetadas partículas carregadas, que podem alcançar a atmosfera terrestre; as partículas são capturadas pelo campo magnético da Terra e, chocando-se com os gases da alta atmosfera, excitam seus átomos. Ao retornarem ao estado fundamental, os átomos liberam energia em comprimentos de onda característicos dos elementos – principalmente nitrogênio e oxigênio, enchendo o céu de cores.

As linhas do campo magnético terrestre saem do polo sul, são paralelas à superfície do globo no equador e entram pelo polo norte. As partículas carregadas vindas do Sol são, portanto, desviadas para os polos, onde se pode ver o fenômeno descrito anteriormente. Ele é então chamado de **aurora boreal** (quando ocorre no polo norte) ou **aurora austral** (quando ocorre no polo sul).

O Sol tem um ciclo de atividade magnética de 11 anos, e, quando está no máximo de atividade, as auroras podem ser vistas mais frequentemente, e em latitudes mais baixas.

Alguns pesquisadores preveem que uma tempestade solar intensa pode ser fatal: todos os sistemas eletrônicos em satélites e em terra seriam queimados, assim como os transformadores das linhas de transmissão, deixando-nos sem eletricidade e comunicações. Isso já ocorreu no passado, quando não existiam aparelhos eletrônicos; na ocasião, as linhas de telégrafos foram afetadas.

O passado e o futuro do Sol

A Figura 3-12 mostra o futuro do Sol ilustrado em um diagrama HR: durante o estágio inicial do colapso da protoestrela que lhe deu origem, com uma temperatura interna de 1 milhão de graus kelvin, ela irradiava cerca de 1.000 vezes a luminosidade atual do Sol. As camadas externas dessa protoestrela eram mais frias do que o Sol, com uma temperatura aproximada de 3.500 K. Assim, sua localização no diagrama HR seria acima e à direita da localização atual do Sol. À medida que a protoestrela continuava a se contrair, as camadas externas se aqueceram, mas a luminosidade diminuiu. Durante sua evolução, a posição no diagrama se moveu para baixo e para a esquerda, com temperatura de 4.000 K e 10 vezes a luminosidade solar. Finalmente, quando começou a fundir hidrogênio, ela entrou na sequência principal, tornando-se o nosso Sol.

Ao sair da sequência principal, o Sol se transformará em uma subgigante e, então, em uma gigante vermelha, o que deve ocorrer daqui a cerca de 5 bilhões de anos; ele começará a aumentar de tamanho, e sua luminosidade vai aumentar para 1.000 vezes a luminosidade atual. Em cerca de 7,5 bilhões de anos, sua superfície chegará até a órbita de Marte, e a Terra será engolida. Mas a Terra ficará inabitável bem antes disso: dentro de cerca de 1 bilhão de anos, a temperatura em nosso planeta estará tão elevada que os oceanos se evaporarão e não haverá atmosfera, pois, com o aumento da temperatura, suas moléculas terão velocidade suficiente para vencer a atração gravitacional e escaparão para o espaço. Nessa fase, deve ocorrer o *flash* de hélio (queima súbita desse elemento).

A seguir, o Sol deve atingir o estágio chamado de ramo das assintóticas gigantes: uma nebulosa planetária será ejetada, ele se tornará uma anã branca e, finalmente, uma anã negra.

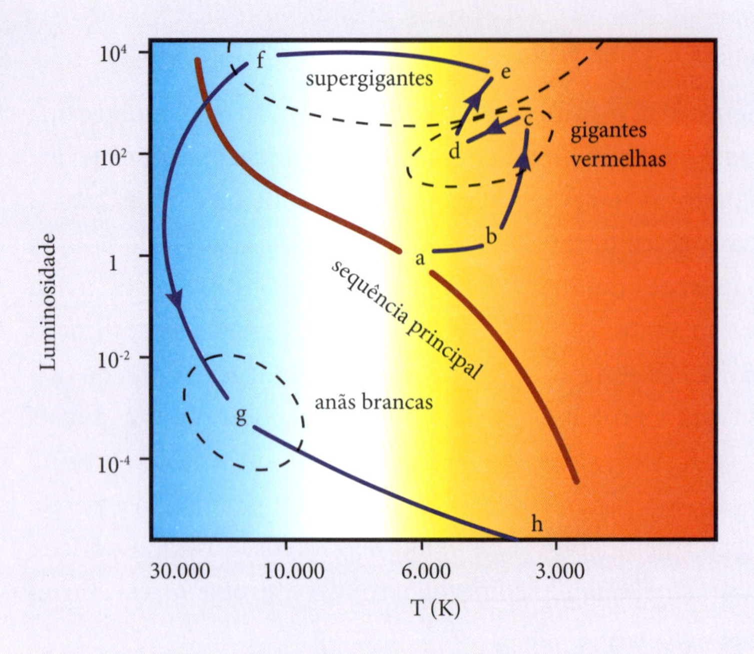

Figura 3-12. Diagrama HR indicando o presente e o futuro do Sol: atualmente localizado na sequência principal no ponto **a**, ele, ao sair da sequência principal, seguirá o ramo das subgigantes até **b**, e então o ramo das gigantes vermelhas até **c**, onde ocorrerá o *flash* de hélio. Ele voltará até **d** e então atingirá o estágio chamado de ramo assintótico gigante, em **e**. Em **f**, a nebulosa planetária será ejetada. Ele descerá então do lado esquerdo, onde se tornará uma anã branca em **g** e, finalmente, uma anã negra em **h**.

CAPÍTULO IV

FORMAÇÃO DE ESTRELAS COM MASSA GRANDE

Estrelas com massa inicial superior a oito massas solares são raras, muito luminosas, e têm uma fase relativamente curta na sequência principal. Enquanto estão nessa fase, elas se comportam como as estrelas de massa menor, porém as reações nucleares ocorrem mais rapidamente, fundindo todo o hidrogênio no caroço em hélio em menos de 1 bilhão de anos.

A descrição da evolução das estrelas depende do modelo teórico adotado e pode variar de um autor para outro. Como regra geral, sabemos que a estrela é azul quando está na sequência principal, e mais tarde explode como supernova; algumas exceções serão discutidas ao longo deste capítulo. Ao saírem da sequência principal, muitas delas se tornam **supergigantes azuis** e finalmente **supergigantes vermelhas**, passando pelo estágio de **supergigantes amarelas**. A transformação em supergigantes ocorre quando o hidrogênio no caroço da estrela acabou, mas também pode ser causada quando elementos pesados são levados para a superfície por convecção. Supergigantes azuis que saíram recentemente da sequência principal possuem luminosidade muito grande, perdem muita massa e são geralmente instáveis. Ao sair da sequência principal, essas estrelas têm, assim como as de massa intermediária, um caroço de hélio inerte e uma envoltória onde ocorre a queima de hidrogênio. Nessa fase, a estrela se torna uma supergigante vermelha, similar à gigante vermelha discutida no capítulo anterior, porém com um tamanho maior. Quando se inicia a queima de hélio no caroço, a estrela volta a ficar azul.[27]

Estrelas com massa entre 8 e 25 massas solares

Uma estrela massiva também forma um caroço com núcleos de carbono e oxigênio. A fusão do hélio começa sem explosão. O hélio no caroço se transforma em carbono, e a força gravitacional das camadas superiores é suficiente para forçar esse caroço de carbono a se contrair. A temperatura aumenta no caroço, e, quando atinge aproximadamente 1 bilhão de graus, tem início a fusão nuclear do carbono, enquanto hélio e hidrogênio continuam a queimar nas envoltórias. Mais tarde, a estrela passa a fundir elementos mais pesados, produzindo sucessivamente átomos de neônio, sódio, magnésio, oxigênio. Nesse processo, tais átomos se acumulam em um novo núcleo inerte. A fusão desses elementos, mais pesados, é pouco eficiente e não libera muita energia.

Em estrelas com massa inicial entre 8 e 10 massas solares, o processo termina aqui. Essas estrelas representam uma transição para estrelas mais massivas, em que o processo de fusão continua, e que são chamadas de estrelas **super RGA** (ramo das supergigantes assintóticas). Elas possuem um caroço inerte de oxigênio/neônio e magnésio, que se contrai e esquenta, e têm carbono, hélio e hidrogênio se fundindo em camadas externas. Esta configuração é muito instável e causa grandes pulsos térmicos, que provocam instabilidade na envoltória da estrela. A estrela ejeta a envoltória em fortes ventos estelares, dando origem a uma nebulosa planetária, e se transforma em uma anã branca, com caroço de oxigênio, neônio e magnésio. Já foram observadas algumas estrelas desse tipo, mas as evidências não permitiram definir se eram super RGA.

---

[27] A relação entre cor e temperatura nas estrelas foi descrita no Capítulo I e será também abordada no Capítulo VI.

Estrelas com massa acima de 10 massas solares, ao sair da sequência principal, entram no ramo das supergigantes vermelhas. No início da queima do carbono, a evolução é tão rápida que não há tempo para que o que está acontecendo no caroço afete a envoltória. Ventos estelares fortes podem destruir a envoltória, mudando a aparência externa da estrela. Para essas estrelas, o caroço de oxigênio/neônio/magnésio se contrai e aquece, até que a temperatura alcança 1,5 bilhão de graus kelvin, e o neônio começa a queimar, produzindo oxigênio, magnésio e outros elementos pesados. Rapidamente é criado um caroço de oxigênio e magnésio. Esse processo dura alguns anos, até que o neônio acabe. O caroço começa novamente a se contrair e aquecer, até atingir 2,1 bilhões de graus kelvin, levando o oxigênio a entrar em ignição, produzindo silício, enxofre, fósforo e outros elementos, até se formar um caroço pesado de silício. Em cerca de um ano, o oxigênio acaba e o caroço de silício se contrai, até atingir 3,5 bilhões de graus kelvin, o que leva à ignição do silício, produzindo níquel e ferro.

Vemos, assim, que o ciclo de contração, aquecimento e ignição de outro combustível nuclear se repete várias vezes. Durante o processo de fusão, a estrela aumenta de tamanho e se torna uma supergigante vermelha.

Cada novo combustível libera menos energia, e assim a estrela queima esse combustível mais rapidamente. À medida que o caroço passa de uma reação de fusão para outra, as camadas externas respondem contraindo-se e expandindo-se alternadamente, e assim uma supergigante vermelha pode se tornar uma supergigante azul e depois voltar a ser uma supergigante vermelha. A última fase, em que o núcleo funde silício, dura cerca de um dia para uma estrela com 25 vezes a massa do Sol. Cada vez que um elemento mais pesado é produzido, ele se desloca para o centro da estrela, onde se aquece o suficiente para sofrer fusão. A estrela adquire, assim, uma estrutura em forma de cebola, com hidrogênio na camada externa e camadas internas de hélio, carbono/oxigênio, oxigênio/neônio/magnésio, enxofre/silício e, finalmente, ferro no núcleo. Em cada camada ainda ocorre fusão, mas a energia produzida é muito pequena. À medida que nos afastamos do centro, a temperatura diminui de camada para camada (Tabela 4-1). A estrela que está "morrendo" será vista como supergigante vermelha ou supergigante azul, dependendo da temperatura da superfície. Elementos diferentes são fundidos em temperaturas diferentes. Os elementos produzidos são levados por convecção até à superfície, onde o forte vento estelar os dispersa no espaço.

Combustível	Produtos principais	Produtos secundários	Temperatura (K)	Tempo de queima
H	He	N	$3x10^7$	$7 x10^6$ anos
He	C, O	Ne	$2x10^8$	500.000 anos
C	Ne, Mg	Na	$8x10^8$	600 anos
Ne	O, Mg	Al, P	$1,5x10^9$	1 ano
O	Si, S	Cl, Ar, K, Ca	$2x10^9$	6 meses
Si	Fe	Ti, V, Cr, Mn, Co, Ni	$3,3x10^9$	1 dia

Tabela 4-1. Estágios de queima no caroço de uma estrela gigante vermelha com uma massa igual a 25 vezes a massa do Sol.

De acordo com a Tabela 4-1, cada estágio dura um tempo menor do que o anterior.

A fusão ocorre em todas as camadas simultaneamente, até produzir ferro no caroço. Esse elemento é o fim da linha para a fusão espontânea, pois os prótons e nêutrons que constituem o núcleo desse elemento estão tão fortemente ligados que a fusão em elementos mais pesados absorve energia, em vez de liberá-la. Na produção desse elemento, grande parte da energia da estrela é consumida, e ela acaba esfriando repentinamente. Como dentro do caroço não há mais produção de energia por reações nucleares, ele se transforma em uma esfera inerte de ferro sob imensa pressão das camadas externas e começa a se contrair. Em menos de um dia, a fusão de silício na camada imediatamente superior, que ocorre em uma taxa extremamente alta, produz tanto ferro que o núcleo colapsa.

A estrutura de uma supergigante vermelha é mostrada na Figura 4-1.

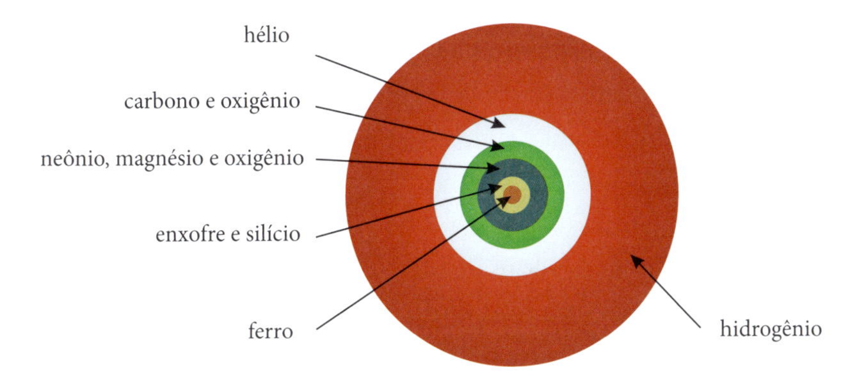

Figura 4-1. Estrutura interna de uma supergigante vermelha em sua fase pré-supernova. À medida que o caroço fica sem um elemento, ele se contrai e aquece, e a fusão começa novamente. Um novo caroço é formado, contrai-se novamente e aquece, e assim sucessivamente. Cada processo de fusão dura menos que o anterior. Quando a fusão termina completamente no caroço, o interior da estrela adquire uma estrutura de cebola, como mostrado na figura.
Observação: as diversas camadas não são bem definidas como na figura, e a figura não está em escala.

No colapso, a força gravitacional é tanta que a energia dos elétrons aumenta, levando um próton a capturar um elétron e se transformar em um nêutron, com a emissão de um neutrino. O colapso ocorre em menos de um segundo, com velocidade do material que colapsa de aproximadamente um quarto da velocidade da luz. Uma massa igual a duas vezes a massa do Sol é comprimida em uma esfera de nêutrons com cerca de 10 a 20 km de diâmetro: a densidade no caroço chega a 2 bilhões de toneladas por centímetro cúbico. A densidade da matéria fica acima da densidade nuclear, que é de 400 mil toneladas por centímetro cúbico. Nessas condições, os nêutrons se tornam "degenerados", um estado semelhante ao de degenerescência de elétrons, citado no Capítulo III. Nesse estado, o comportamento da matéria é governado pelo princípio de exclusão de Pauli, que impede dois nêutrons de ocuparem a mesma região do espaço no mesmo estado quântico.

Enquanto o caroço está em contração, as camadas externas da estrela ainda não sofrem contração, pois esse efeito viaja com a velocidade do som no material: essas camadas ficam brevemente estacionárias.

A matéria nuclear é extremamente incompressível. Uma vez que a parte central do caroço tenha atingido a densidade nuclear, tornando-se rígida, surge uma grande resistência à compressão posterior, que cessa de maneira súbita, dando origem a uma onda de pressão que se propaga através da matéria do caroço. A temperatura pode chegar a 100 bilhões de graus kelvin.

As ondas de pressão diminuem de velocidade à medida que se propagam para fora do caroço. O material que se move para o centro encontra a superfície do caroço rígido, rebate e é relançado para fora em uma grande onda de choque. Essas ondas se propagam com velocidades entre 30.000 e 50.000 km/s. Neutrinos com alta energia são produzidos no caroço em grande quantidade. A maioria desses neutrinos passa pelas camadas externas da estrela e escapa para o espaço. Uma pequena fração deles, entretanto, é absorvida pelos núcleos atômicos.

As ondas de choque, quando chegam à superfície, levam a uma explosão violenta, e a estrela se torna uma **supernova**. Além de certo raio,[28] todo o material da estrela é ejetado no espaço. Pouco a pouco, a nuvem de gás lançada pela supernova se dilui no espaço, e esse gás vai dar origem ao nascimento de outras estrelas.

O material que não foi ejetado se condensa no que é chamado de **estrela de nêutrons**.[29]

Uma supernova é um evento raro e catastrófico, no qual, durante umas poucas semanas, uma estrela brilha mais do que toda a galáxia na qual se encontra.

---

[28] O valor desse raio não é bem determinado e depende dos modelos usados para a descrição da estrela.

[29] Estrelas de nêutrons serão descritas no Capítulo V.

Na superfície de uma estrela de nêutrons, uma pessoa poderia pesar bilhões de vezes mais do que na superfície da Terra; o tempo se retarda cerca de 20% em relação ao tempo terrestre.

A maioria dos elementos mais pesados do que o ferro pode ser sintetizada na região quente de uma supernova: a zona atrás da onda de choque é quente e densa o suficiente para produzir novos elementos a partir da cinza[30] deixada pela queima nuclear prévia da estrela.

O material lançado no espaço pela explosão se mistura com outros gases existentes no espaço, como o hidrogênio, podendo dar início a estrelas de segunda geração, através do processo de contração gravitacional.

Todos os elementos que na tabela periódica estão além do ferro (o ferro ocupa o vigésimo sexto lugar) foram produzidos em uma supernova. Elementos presentes na Terra, como ouro, prata, cobre e níquel, bem como uma fração dos átomos do nosso corpo, têm origem nas supernovas.[31]

A Figura 4-2 ilustra a evolução de uma estrela com massa inicial entre 8 e 25 massas solares.

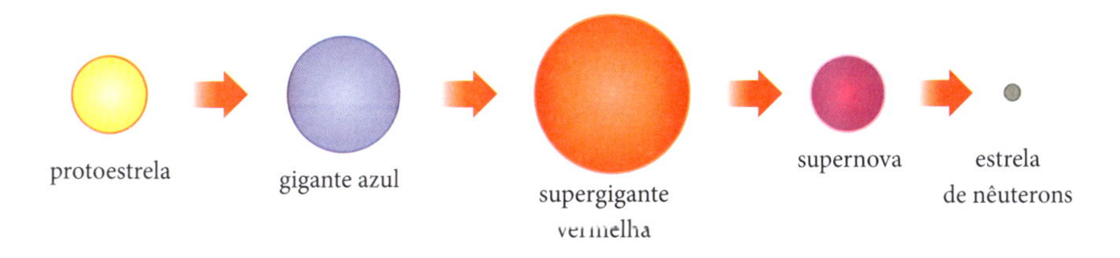

Figura 4-2. Evolução de uma estrela com massa entre 8 e 25 massas solares. Ao sair da sequência principal, a estrela é uma gigante azul, e em seguida uma supergigante vermelha, uma supernova e uma estrela de nêutrons. Em alguns casos, ela pode novamente se tornar uma gigante azul, entre as fases de supergigante vermelha e supernova, devido à ejeção de massa da supergigante vermelha.
Observação: a figura não está em escala com relação aos tamanhos reais dos objetos.

---

[30] Em Astronomia, a palavra "cinza" é o nome dado ao material produzido por fusão, nada tendo a ver com cinza de fogo.

[31] Observa-se que elementos mais pesados do que o ferro são raros no cosmos. Por exemplo, para cada cem bilhões de átomos de hidrogênio, existe um átomo de urânio.

Supergigantes vermelhas são enormes: o raio da maioria delas está entre 200 e 800 vezes o raio solar. Durante muito tempo, a maior estrela observada foi a VY Canis Majoris, que fica a 3.840 anos-luz da Terra. Seu raio é igual a 1.420 raios solares. A luz demora 8 horas para dar uma volta completa em torno dessa estrela; um avião, viajando a 900 km/h, levaria 1.100 anos. Sua massa é de 17 massas solares.

Hoje se aceita que a maior estrela observada é a supergigante vermelha chamada Stephenson 2-18, com raio estimado igual a 2.150 vezes o raio do Sol (maior do que a órbita de Saturno). Ela tem uma massa entre 12 e 16 massas solares e está a 19 mil anos-luz de distância. A supergigante vermelha UY Scuti, com raio igual a 1.700 raios solares e distante 5 mil anos-luz da Terra, tem um raio menor que o da anterior, mas possui uma massa maior, igual a 30 massas solares.

Enquanto as supergigantes vermelhas são as maiores estrelas em tamanho, as supergigantes azuis são, em muitos casos, aquelas com maiores massas. Não há qualquer razão para supormos que estrelas gigantes tenham massas maiores do que estrelas menores, pois elas podem ser menos densas.

Estrelas com massa entre 25 e 100 massas solares

Para estrelas com massa acima de 25 massas solares, os processos são mais complicados e as teorias ainda não estão bem estabelecidas. Vamos fazer um breve resumo dos aspectos mais importantes.

As estrelas muito massivas se movem rapidamente para fora da sequência principal, aumentam em luminosidade e se tornam supergigantes azuis. Cada vez que a fusão cessa no caroço, por falta de combustível, a queima nas camadas mais externas se intensifica, levando-as a se expandir: a estrela esfria e fica vermelha, e nesse ponto a fusão é retomada. Cada vez que o caroço retoma a fusão, a estrela se contrai ligeiramente, esquenta e fica azul. Como resultado, temos um ciclo, em que a estrela oscila entre supergigante azul e vermelha, mas a luminosidade permanece aproximadamente a mesma, pois a queda em temperatura é compensada pelo aumento do tamanho – assim, a luminosidade não muda muito, como ocorre no caso de estrelas com massa menor do que 8 massas solares. As estrelas muito massivas explodem como supernovas ou perdem massa rapidamente, devido ao vento estelar, causado pela intensa pressão de radiação.

Em estrelas com massa acima de 25 massas solares, a mudança no caroço acontece tão rapidamente que não há tempo para que as camadas externas sofram essa mudança, e nunca esfriam o suficiente para que se tornem supergigantes vermelhas.

Se a massa estiver acima de 100 massas solares, o calor gerado no núcleo leva à explosão da estrela em uma **hipernova**; acima de 250 massas solares, os fótons produzidos são energéticos o suficiente para gerar partículas subatômicas; esse processo absorve energia, e a estrela colapsa em um **buraco negro**.

A Figura 4-3 mostra a evolução de estrelas com massa maior que 25 massas solares.

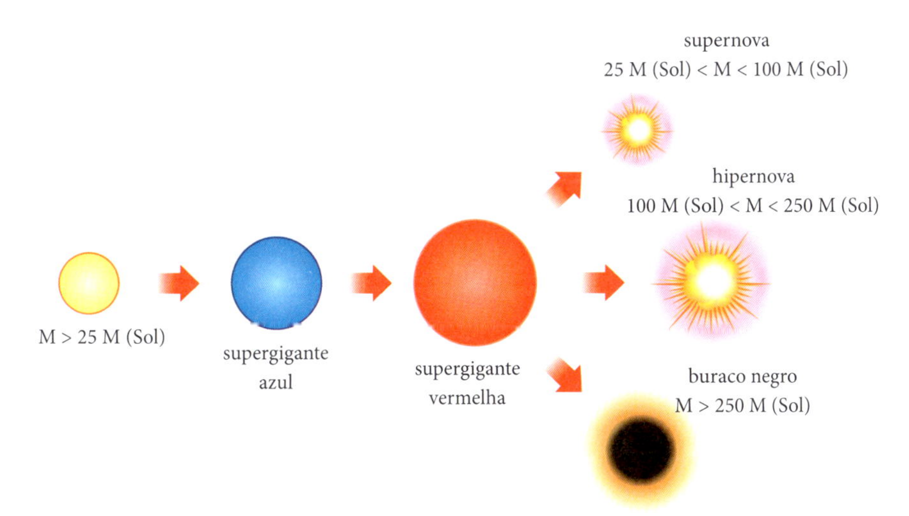

Figura 4-3. Evolução de estrelas com massa maior que 25 massas solares.
Observação: a figura não está em escala com relação aos tamanhos reais dos objetos.

A Tabela 4-2 mostra um resumo da evolução das estrelas, de acordo com a massa inicial. É preciso ter em mente que os tempos de evolução variam de muitas ordens de grandeza.

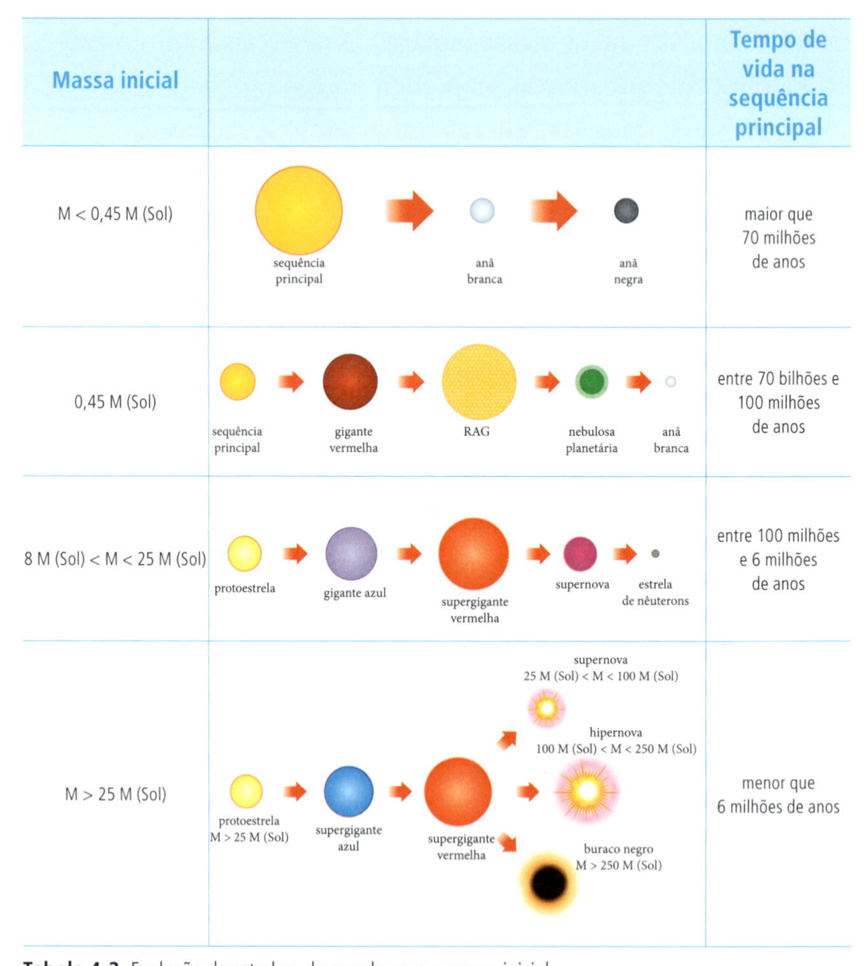

Massa inicial		Tempo de vida na sequência principal
M < 0,45 M (Sol)	sequência principal → anã branca → anã negra	maior que 70 milhões de anos
0,45 M (Sol)	sequência principal → gigante vermelha → RAG → nebulosa planetária → anã branca	entre 70 bilhões e 100 milhões de anos
8 M (Sol) < M < 25 M (Sol)	protoestrela → gigante azul → supergigante vermelha → supernova → estrela de nêuterons	entre 100 milhões e 6 milhões de anos
M > 25 M (Sol)	protoestrela M > 25 M (Sol) → supergigante azul → supergigante vermelha → supernova 25 M (Sol) < M < 100 M (Sol); hipernova 100 M (Sol) < M < 250 M (Sol); buraco negro M > 250 M (Sol)	menor que 6 milhões de anos

Tabela 4-2. Evolução de estrelas, de acordo com a massa inicial.
Observação: as figuras não estão em escala com relação aos tamanhos reais dos objetos.

Tipos de supernovas

Como foi dito anteriormente, as supernovas resultam da explosão de estrelas após terminar o combustível da fusão; não havendo mais a pressão para fora, a força gravitacional domina e provoca o colapso do caroço.

Originalmente os astrônomos classificaram as supernovas como sendo do tipo I e do tipo II. A classificação foi feita com base no tipo de espectro observado: as **supernovas do tipo I** não apresentavam a linha do hidrogênio no espectro. A curva de luz apresentava um máximo pronunciado (com uma luminosidade de 10 bilhões da luminosidade solar) que diminuía gradualmente com o passar do tempo. A supernova observada por Tycho Brahe, em 1572, era desse tipo. As supernovas do tipo II apresentavam a linha de hidrogênio e o pico de luminosidade era menos pronunciado, com luminosidade máxima de 1 bilhão da luminosidade solar. Posteriormente, as supernovas do tipo I foram divididas em três tipos: Ia, Ib, Ic.

Nas **supernovas do tipo II** ocorre o colapso do caroço, porém elas mantêm a envoltória de hidrogênio e hélio antes da explosão. As supernovas que retêm somente a envoltória de hélio são chamadas de **tipo Ib**, e as que perderam as envoltórias de hidrogênio e hélio, de **tipo Ic**. Note que, embora o processo de explosão nas supernovas do tipo II, Ib e Ic seja o mesmo, a classificação inicial foi feita com base no espectro, em uma época em que o mecanismo de explosão não era bem determinado.

Como mantêm a envoltória de hidrogênio, as supernovas do tipo II possuem linhas de absorção desse elemento no espectro, enquanto as do tipo I não possuem essas linhas. O espectro, portanto, é que nos indica o tipo de supernova que estamos observando.[32]

---

[32] Por razões didáticas, as supernovas do tipo II são em geral descritas primeiro que as do tipo I.

Sendo do tipo I, as supernovas do **tipo Ia** não apresentam envoltória de hidrogênio, e o mecanismo de explosão é diferente. Elas surgem a partir de um sistema binário,[33] em que uma das estrelas é uma anã branca, e a outra, uma estrela de tamanho maior, como uma gigante vermelha. Se as estrelas estão muito próximas, gás irá da estrela maior para a menor. Uma camada fina de material se aglutina em torno da anã branca, que é densa o suficiente para iniciar o processo de fusão, e haverá uma explosão com a ejeção de uma pequena quantidade de hidrogênio. A anã branca permanece como estava, absorve mais material e o processo se repete. O fenômeno é chamado de **nova**.

As supernovas do tipo Ia são conhecidas em Astronomia como "velas padrão", porque são excelentes marcadores de distâncias, por terem o brilho padronizado. Como todas elas explodem com aproximadamente a mesma massa, suas luminosidades absolutas são todas iguais. Além disso, o espectro dessas supernovas fornece uma estimativa precisa do seu brilho.

Foi proposto um mecanismo alternativo para a criação de uma supernova tipo Ia, em que duas anãs brancas de um sistema binário se juntam. Se a massa combinada for maior do que o limite de Chandrasekhar, teremos uma explosão.

Raios cósmicos são núcleos atômicos, principalmente prótons, que atingem a Terra vindos de fora do sistema solar, e que foram acelerados até alcançar altas velocidades. Quando atingem a atmosfera, são produzidas partículas secundárias, das quais algumas chegam ao solo. A origem dos raios cósmicos ainda não é clara, mas o mecanismo que acelera as partículas é atribuído à explosão de supernovas.

---

[33] Como foi dito antes, um sistema binário consiste de duas estrelas, uma girando em torno da outra.

As três gerações de estrelas

As primeiras estrelas eram muito mais massivas do que as estrelas de hoje, com supostamente uma massa inicial de 60 a 300 massas solares. Devido à sua grande massa, elas tiveram vida curta (poucos milhões de anos) antes de explodirem em supernovas ou colapsarem diretamente em buracos negros. Elas constituem a chamada população III; o nome vem da ordem em que foram descobertas, que é o inverso da ordem em que surgiram.

A existência da população III foi inferida teoricamente a partir de modelos cosmológicos em 1978; em 2022 se detectou a estrela mais distante já vista, conhecida como Earendel. Devido a suas características, talvez essa seja a primeira evidência direta de uma estrela da população III.

O material enriquecido com elementos pesados, lançado nas explosões de estrelas da população III, junto com o hidrogênio e o hélio, deu origem à nova geração de estrelas, chamada de população II. Elas têm massa menor e, portanto, vida mais longa que as anteriores, sendo ainda observáveis. As estrelas da população II constituem cerca de 40% das estrelas de nossa galáxia.

As estrelas de última geração, como o nosso Sol, constituem a população I e são as mais ricas em elementos além do hélio.

Vemos, assim, que elementos ejetados de nebulosas planetárias ou explosões de supernovas levam ao meio interestelar produtos de nucleossínteses que serão incorporados na formação de novas estrelas.

Concluímos observando que todos os elementos químicos, além do hidrogênio e hélio, foram produzidos em estrelas, e, como disse Carl Sagan, "somos todos poeira de estrelas".

CAPÍTULO V

ESTRELAS DE NÊUTRONS, BURACOS NEGROS, *WORMHOLES* E QUASARES

Estrelas de nêutrons

Como vimos no Capítulo IV, para uma estrela com massa inicial entre 8 e 25 vezes a massa do Sol, temos a sequência:

protoestrela → sequência principal como supergigante azul → gigante vermelha → gigante azul (em alguns casos) → supernova tipo II → estrela de nêutrons.

Poucos segundos depois que uma estrela de nêutrons começa a se formar, a energia emitida na forma de neutrinos é da ordem da energia liberada na forma de luz por todas as estrelas de uma galáxia.

Estrelas de nêutrons são de certa forma similares às anãs brancas, mas com a pressão interna produzida por nêutrons no lugar de elétrons. A massa máxima que uma estrela de nêutrons pode ter, análoga à massa de Chandrasekhar, é da ordem de três massas solares. Uma estrela de nêutrons típica tem uma massa entre 1,4 e 2 massas solares e um raio médio de 15 km. A massa pode ser medida quando elas pertencem a um sistema binário, como será mostrado no Capítulo VI. A densidade de uma estrela de nêutrons é da ordem de 300 milhões de toneladas por centímetro cúbico.

A estrutura interna de uma estrela de nêutrons está sujeita a debates. De uma maneira resumida, consideramos a estrela dividida em regiões diferentes:

Atmosfera: uma camada com a espessura de poucos centímetros, formada essencialmente de carbono, responsável pelo espectro de absorção observado.

Superfície: uma camada de um quilômetro de espessura, constituída principalmente de átomos de ferro completamente ionizados, que formam uma rede cristalina, e elétrons degenerados que fornecem pressão para resistir à força gravitacional.

Crosta: é uma interface entre a superfície e o caroço interno. É formada por núcleos ricos em nêutrons, em equilíbrio com um gás de elétrons degenerados que se move em altas velocidades. A crosta possui núcleos de elementos que vão de níquel até criptônio.

Caroço: constituído essencialmente de nêutrons e uns poucos prótons e elétrons, numa proporção de cerca de cinco prótons para cem nêutrons.

Nêutrons decaem rapidamente na Terra, em cerca de 15 minutos, mas no interior das estrelas de nêutrons eles são mantidos estáveis pela imensa pressão a que estão sujeitos.

Uma estrela de nêutrons não produz energia depois de sua formação. Ela possui apenas um calor latente. A temperatura do caroço, alguns dias depois do nascimento da estrela, pode chegar a 10^9 K. No entanto, partindo de uma temperatura inicial da superfície de cerca de 300.000 K a 2.000.000 K, com a qual ela emite raios X, a estrela esfria gradualmente, terminando como um corpo frio e inerte. Note que, mesmo tendo uma temperatura de superfície de 50.000 K, o raio da estrela é tão pequeno que sua luminosidade é um milhão de vezes menor do que a luminosidade solar.

A força da gravidade na superfície de uma estrela de nêutrons é cerca de um trilhão de vezes a força da gravidade na superfície da Terra.

Estima-se que existam mais de 100 bilhões de estrelas de nêutrons na Via Láctea. Porém muitas delas são velhas e frias, e são difíceis de ser observadas. Atualmente, já se conhecem cerca de

3.000 estrelas de nêutrons. Suas massas são próximas de 1,4 da massa do Sol.

Quando temos duas estrelas de nêutrons, uma orbitando a outra, elas emitem ondas gravitacionais, que são ondulações no espaço-tempo causadas por processos violentos e energéticos no Universo. As ondas gravitacionais transportam energia, e as duas estrelas se aproximam uma da outra. À medida que isso acontece, elas giram mais rapidamente, e aumenta, assim, a emissão de ondas gravitacionais. Depois de certo tempo, as estrelas estão girando uma em torno da outra centenas de vezes por segundo, e finalmente se unem. Elas podem formar uma única estrela de nêutrons ou colapsar em um buraco negro, dependendo da massa final. Ao se unirem, duas estrelas de nêutrons produzem um brilho intenso, que pode ser até mil vezes maior que uma nova comum. Temos então o que é chamado de **kilonova**.

Algumas estrelas de nêutrons podem ter um campo magnético muito intenso, da ordem de um trilhão de vezes o campo magnético da Terra. Se elas nascem girando rapidamente, emitem radiação eletromagnética de alta intensidade em todas as faixas do espectro, a partir dos polos norte e sul. Essas estrelas são chamadas de **pulsares** (do inglês *pulsars*, abreviação de *pulsating stars*, estrelas pulsantes) e foram descobertas em 1967 por Jocelyn Bell Burnell, astrofísica britânica que, nessa época, era aluna de pós-graduação na Universidade de Cambridge.

Susan Jocelyn Bell Burnell nasceu em Belfast (Irlanda do Norte), em 1943. Como estudante de pós-graduação, descobriu, por seu próprio esforço, os primeiros pulsares, em 1967, e obteve seu doutorado em 1969. Seu orientador, o astrônomo britânico Antony Hewish, que de início não acreditou nos resultados de Jocelyn, ganhou indevidamente o Prêmio Nobel, em 1974, pela descoberta. Isso causou muita polêmica e críticas ao comitê do Nobel na época. Jocelyn recebeu, em 2018, o Fundamental Physics Prize (Prêmio de Física Fundamental), o prêmio de maior valor financeiro do mundo, que tem aproximadamente três vezes o valor do Nobel. Ela destinou todo o prêmio para auxiliar mulheres, minorias étnicas e estudantes refugiados a se tornarem pesquisadores em Física.

Os eixos magnéticos e de rotação de um pulsar não estão alinhados, como acontece com a Terra. Por essa razão, à medida que a estrela gira, pulsos de radiação, emitidos dos polos, varrem direções diferentes do espaço. Se a estrela está alinhada de forma que seus polos magnéticos estejam na direção da Terra, observamos ondas eletromagnéticas (geralmente ondas de rádio) cada vez que um dos polos passa pela nossa linha de visão. O efeito é similar ao de um farol marítimo: quando o farol gira, sua luz parece se apagar e acender, para um observador estacionário em um navio distante. Da mesma forma, o pulsar parece estar piscando quando seus polos passam pela linha de visão de um observador na Terra. Os pulsares que giram mais rapidamente podem piscar acima de 100 vezes por segundo.

Cálculos teóricos predizem que a vida típica de um pulsar é de cerca de 10 milhões de anos, depois do que a estrela de nêutrons não gira rápido o suficiente para produzir um feixe significativo de energia, e ele deixa de ser observável. Estima-se que existam 100 milhões de pulsares em nossa galáxia, mas a maioria deles gira tão lentamente que não conseguimos vê-los. Outra dificuldade para a observação é que o feixe de um pulsar varre um círculo em um plano no espaço, e esse círculo pode não passar pela Terra.

Outro tipo especial de estrelas de nêutrons é o chamado **magnetar**, com um campo magnético trilhões de vezes mais forte que o campo da Terra. Ele emite mais raios X e gama do que os pulsares. O magnetar com o maior campo magnético registrado é o SGR 1806-20. Ele se encontra na constelação de Sagitário, a 50 mil anos-luz de distância da Terra. Seu campo magnético é de quatrilhões de gauss (para comparação, o campo magnético da Terra é de 0.5 gauss). Em 27 de dezembro de 2004, ocorreu uma explosão nesse magnetar que chegou a danificar momentaneamente satélites em órbita em torno da Terra e interrompeu brevemente a transmissão de ondas de rádio. Em pouco menos de um segundo, ele emitiu uma quantidade de energia na forma de radiação gama equivalente à energia que o Sol emitiria em 250 mil anos. Acredita-se que a explosão tenha sido causada por um sismo estelar, que é o equivalente de um terremoto na Terra, e ocorre quando a crosta de uma estrela de nêutrons sofre um ajustamento súbito. Se o magnetar estivesse a 10 anos-luz da Terra, nossa camada de ozônio seria destruída, levando à extinção da vida em nosso planeta.

Buracos negros

Em uma supernova do tipo II com massa final acima de cerca de três massas solares, a força gravitacional é tão forte que ela colapsa para formar um **buraco negro**. A primeira ideia do que hoje chamamos de buraco negro foi proposta em 1783 por John Mitchell, professor de Cambridge, na Inglaterra. Naquela época, acreditava-se que a luz fosse composta de partículas com massa não nula e, portanto, sujeita à força da gravidade newtoniana. Mitchell propôs que, se uma estrela fosse suficientemente massiva, ela poderia ter um campo gravitacional tão forte que a velocidade de escape excederia a velocidade da luz, e a luz não poderia escapar dela. A expressão "buraco negro" só foi cunhada em 1969, pelo físico norte-americano John Wheeler.

Com o advento da Teoria da Relatividade Geral, uma aplicação óbvia dessa teoria seria a solução das equações para a obtenção do campo gravitacional de um corpo esfericamente simétrico, como um planeta ou uma estrela. Em 1916, pouco depois da descoberta da Teoria da Relatividade, o astrônomo alemão Karl Schwarzschild, enquanto lutava na frente russa na Primeira Guerra Mundial, encontrou a solução exata para o caso de uma massa em um ponto arbitrário no espaço. Ele supôs uma simetria esférica e um espaço vazio em torno da massa. Essa não é uma solução sem interesse, pois sabemos que, quando vamos calcular o campo gravitacional de um corpo esférico, na região fora do corpo, podemos considerar que toda a sua massa esteja concentrada no centro da esfera. Seu interesse era o problema de um planeta orbitando uma estrela, tal como a Terra orbitando o Sol. No mesmo ano, o físico holandês Johannes Droste, da Universidade de Leiden, descobriu independentemente a solução de Schwarzschild.

A solução de Schwarzschild mostra que, de forma diferente do que acontece no caso newtoniano, em um campo gravitacional intenso uma partícula de massa zero (um fóton, por exemplo) pode orbitar um corpo celeste, em uma órbita circular com um raio determinado. Mas a órbita é instável: qualquer perturbação leva o fóton em direção ao corpo ou para o infinito. Outro resultado surpreendente foi a descoberta de um raio, proporcional à massa localizada no centro, chamado de raio de Schwarzschild, com uma propriedade interessante: a curvatura do espaço-tempo na região interna delimitada por esse valor de raio é tão grande que a luz nessa região se move em órbitas curvas, não conseguindo escapar. Note que, no contexto da Teoria da Relatividade Geral, a gravidade não atrai a luz: a concentração de matéria encurva o espaço-tempo, e a luz viaja ao longo de trajetórias encurvadas. A superfície esférica imaginária, delimitada pelo raio de Schwarzschild, é chamada de **horizonte de**

eventos, pois, assim como no horizonte da Terra, essa é uma região além da qual nada podemos ver. Essa superfície funciona como um ponto sem volta: uma vez que uma partícula vinda do exterior passa por ela, não consegue voltar. Como nada pode escapar, é impossível ver dentro do horizonte de eventos.

Um buraco negro não é um corpo sólido. Acredita-se que toda a matéria que cruza o horizonte de eventos desapareça no ponto central. Esse é um ponto de volume zero, com densidade infinita, onde o espaço-tempo deixa de existir. Portanto, o ponto é chamado de singularidade, onde as leis da Física, como as conhecemos, não funcionam. O buraco negro é, portanto, uma região esférica do espaço, delimitada pelo horizonte de eventos.

Consideremos agora um astronauta hipotético que vai em direção a um buraco negro em sua nave espacial. Longe do buraco negro, ele nada nota de diferente. A atração gravitacional é a mesma daquela da estrela que colapsou para formá-lo. Ou seja, o campo gravitacional em torno dele não é diferente do que existe em torno de outro objeto com a mesma massa. Um objeto próximo de um buraco negro se moverá do mesmo modo como o faria em torno de um objeto massivo comum: em órbitas elípticas descritas pelas leis de Kepler.

Mas, ao se aproximar do buraco negro, a nave se esticaria cada vez mais, devido à enorme diferença da força gravitacional entre a parte da frente e a de trás, acabando por se romper. Esse é o efeito de maré.[34] Ao mesmo tempo que a nave (e o astronauta dentro dela) sofre um alongamento vertical, ela fica sujeita a uma compressão horizontal (lembremos que, se temos duas partículas separadas, atraídas por uma massa pontual, elas tendem a se aproximar uma da outra à medida que se deslocam em direção da massa).

---

[34] O mesmo efeito ocorre na Terra: como nossos pés estão mais perto da Terra do que nossa cabeça, a gravidade é mais forte neles do que na cabeça. Assim, somos esticados dos pés à cabeça, mas a diferença é apenas de uma parte em um milhão e, portanto, totalmente imperceptível.

A Teoria da Relatividade Geral nos diz que a força gravitacional no horizonte de eventos é inversamente proporcional à massa do buraco negro. Assim, quanto maior a massa do buraco, menor é o efeito de maré próximo do horizonte de eventos. Cruzando o horizonte, o efeito aumenta cada vez mais, à medida que o astronauta vai em direção à singularidade.

De acordo com a Teoria da Relatividade Geral, a força gravitacional no centro de um buraco negro é tão grande que toda a matéria se quebra em seus constituintes fundamentais, que se acredita sejam puntiformes e sem estrutura interna. Qualquer objeto, não importa quão duro seja, é totalmente esfacelado. Todas essas partículas poderiam se aglutinar em um único ponto. Nesse ponto, a densidade seria infinita; espaço e tempo deixariam de existir. No entanto, efeitos quânticos, não levados em conta na Teoria da Relatividade Geral, podem mudar esse cenário. Como não temos uma teoria quântica da gravitação, não sabemos realmente o que acontece com a matéria no centro de um buraco negro.

Vamos imaginar um astronauta fictício que não esteja sujeito ao efeito de maré, para entendermos o que acontece a seguir.

Um astronauta que estiver orbitando o buraco fora do horizonte não sente qualquer força gravitacional, pois está em queda livre, como acontece com um astronauta em uma nave orbitando a Terra. Seu relógio marca o tempo normalmente como observado por ele. Se ele ficar ali algum tempo, suponhamos uma semana, e então retornar até um ponto distante, onde está um observador (pode ser em outra nave espacial ou em um planeta), verificará que o observador envelheceu 20 anos, pois o tempo transcorre mais lentamente em um campo gravitacional forte, quando comparado com o tempo na ausência do campo ou em campo gravitacional fraco.[35]

---

[35] O mesmo acontece aqui na Terra: o tempo em um satélite transcorre mais lentamente quando comparado com o tempo no solo. Este efeito é muito pequeno, mas precisa ser levado em conta no uso de um GPS.

Suponhamos agora um astronauta vindo de um local distante e indo em direção ao buraco. Ele poderá voltar, se assim decidir o fazer, antes de chegar ao horizonte de eventos. Mas, uma vez que o tenha cruzado, sua sorte estará selada: ele jamais conseguirá voltar, não importa a potência de sua nave. Na verdade, quanto mais ele usar os motores da nave na tentativa de escapar do buraco, mais rápido ele atingirá a singularidade. Da mesma forma, ele não conseguirá enviar qualquer sinal para fora. Dentro do horizonte de eventos, a coordenada radial r se transforma em uma coordenada tipo tempo, e, assim, a viagem em direção ao centro do buraco é literalmente "mover-se para a frente no tempo".

Suponhamos que o astronauta que vai em direção ao buraco negro, antes de cruzar o horizonte de eventos, envie sinais em intervalos de um segundo, como medido em seu relógio, para um observador distante. Ele continuaria nesse processo até atingir a singularidade, sem nada notar de diferente. Por outro lado, o observador distante verificaria que os intervalos entre os sinais vão ficando cada vez mais longos e tendendo para o infinito. O último sinal enviado ao cruzar o horizonte de eventos nunca chegaria ao observador distante.

Fazendo uma descrição diferente, consideremos a luz constituída de fótons. O astronauta, em um dado momento, emitirá o último fóton antes de cruzar o horizonte. Esse fóton levará um tempo finito para alcançar o observador distante, mas, depois que o astronauta cruzar o horizonte, nenhum fóton sairá do buraco. Para o observador distante, o fluxo do tempo para no horizonte.

Existem outros efeitos interessantes. Por exemplo, a gravidade do buraco negro deflete os raios de luz que chegam até ele, de tal forma que um observador perto do horizonte vê toda a luz concentrada em uma região circular acima de sua cabeça e escuridão total em volta. Uma galáxia que, antes de o astronauta se aproximar do buraco, era vista na posição horizontal (90 graus do zênite), é observada agora quase na vertical. As cores das estrelas dessa galáxia, devido à diminuição do comprimento de onda, ficam também bem diferentes. O físico americano Kip Thorne disse que é como se o observador estivesse entrando em uma caverna, indo para o fundo e vendo a entrada luminosa ficar cada vez menor.

Embora não possamos ver um astronauta depois que ele cai no buraco, a recíproca não é verdadeira: alguma luz fora do buraco o seguirá e o ultrapassará antes que ele atinja a singularidade, e assim ele continuará a ver o mundo externo, como mencionado anteriormente. Ele verá a imagem dos objetos distantes distorcida, pois o campo gravitacional encurva a luz.

No centro da nossa galáxia, as estrelas se movem com uma velocidade de milhões de quilômetros por hora, o que levou a crer que elas orbitavam um buraco negro supermassivo, com cerca de 4 milhões de massas solares. Esse buraco negro, chamado de Sagittarius A*, foi finalmente observado em maio de 2022.

Existem evidências de que buracos negros supermassivos, com massas entre 1 milhão e 10 bilhões de massas solares, possam existir em centros de galáxias. Eles cresceram em tamanhos enormes engolindo estrelas e gás da vizinhança, ou então juntando-se a outros buracos negros.

Se um buraco negro está em uma região onde existe matéria gasosa ao seu redor, o gás é sugado pelo buraco, e a matéria começa a girar à sua volta, antes de cair no horizonte de eventos. Esse processo acelera a matéria a altas velocidades, e a temperatura do gás aumenta. O gás fica ionizado e emite radiação que pode ser observada. Essa é outra forma de se detectar a presença de um buraco negro.

Em 2015, ondas gravitacionais, causadas pela colisão de dois buracos negros, foram observadas pela primeira vez.

Podemos ver um buraco negro?

Muitas pessoas acreditam, e existem até representações artísticas que mostram um buraco negro como uma bola escura. Mas, de fato, é impossível vermos um buraco negro como uma esfera escura contra o fundo do espaço, também escuro.

Só podemos "ver" um buraco negro se existir matéria em sua proximidade. A matéria gira em torno do buraco em alta velocidade. Devido ao choque entre moléculas, estas ficam ionizadas e podem emitir radiação visível. Nesse caso, veremos uma orla luminosa em torno do buraco (Figura 5-1).

Se não existir matéria nas proximidades do buraco negro, não o veremos; nada veríamos até chegar a ele, e sentiríamos apenas sua força gravitacional.

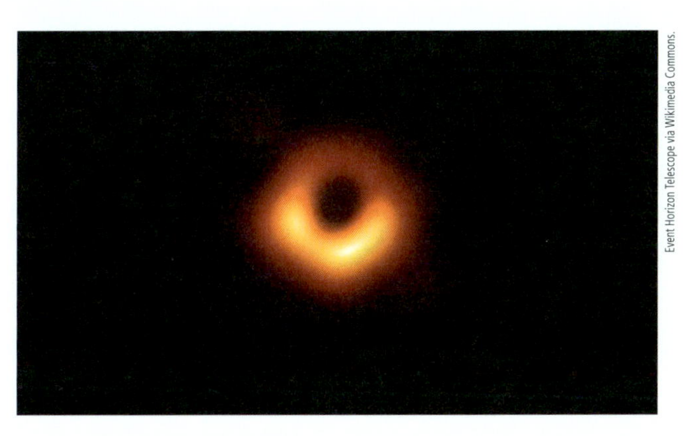

Event Horizon Telescope via Wikimedia Commons.

Figura 5-1. Primeira imagem direta de um buraco negro em Messier 87, uma galáxia elíptica supergigante na constelação de Virgem.

Pode acontecer um fato interessante nas proximidades de um buraco negro: suponhamos que uma galáxia distante brilhe em todas as direções, e que parte de sua luz chegue próximo ao buraco negro, sendo ligeiramente desviada; outra parte da luz chega ainda mais perto e circunda o buraco uma única vez, antes de escapar e atingir nossos olhos; outra parte da luz, que chegar ainda mais perto, poderá circundar o buraco duas vezes, e assim por diante.

Olhando na direção do buraco negro, veremos mais e mais versões da mesma galáxia, quanto mais perto da borda do buraco estivermos olhando (Figura 5-2).

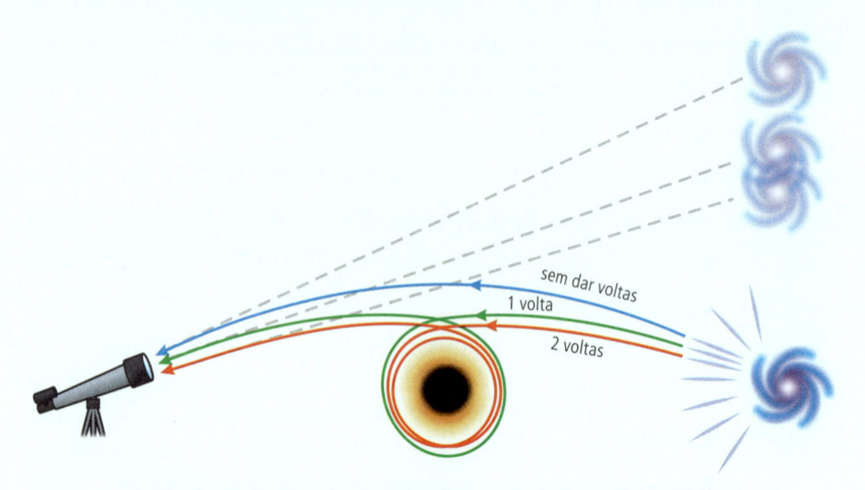

Figura 5-2. A luz de uma galáxia distante circunda a região em torno de um buraco negro. Adaptado de: http://tinyurl.com/4mpudhye. Crédito de imagem: Peter Laursen.

Wormholes

Em 1957, o físico norte-americano John Wheeler, analisando soluções das equações da Teoria da Relatividade Geral, mostrou que elas demonstravam matematicamente a possibilidade de um viajante espacial ir de um lugar a outro no Universo através de um túnel no espaço-tempo ligando esses dois pontos. Ele deu o nome de ***wormhole*** a essa solução.

Essa situação é complicada de se imaginar em um espaço tridimensional como o nosso.[36] Por isso, vamos considerar o caso mais simples de um espaço em duas dimensões. Na Figura 5-3, a superfície plana representa esse espaço. Um habitante bidimensional não teria como diferenciar a superfície apresentada na figura de uma outra,

---

[36] Na verdade, temos quatro dimensões, se incluirmos o tempo.

totalmente plana. Ele poderia ir de um ponto a outro viajando pela superfície ou através de um túnel (ou garganta) que liga esses dois pontos, como mostrado na figura.

O mesmo acontece no nosso espaço em três dimensões: não teríamos como distinguir entre uma viagem pela superfície ou por um túnel. Wheeler usou a analogia com um bicho de maçã, que poderia ir de um ponto a outro andando pela superfície da fruta ou por um furo através da fruta. A palavra *worm* traduzida para o português significa verme, bicho de fruta e minhoca. Infelizmente, a expressão adotada em português foi "buraco de minhoca".

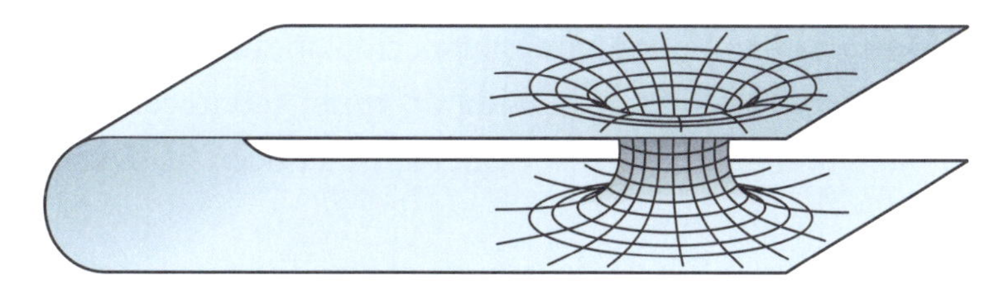

Figura 5-3. Um *wormhole* ligando dois pontos do Universo.

Mas nesse raciocínio há uma série de problemas. Em primeiro lugar, *wormholes* provavelmente não existem. Eles representam uma solução matemática possível, mas isso não significa que existam na natureza. Em segundo lugar, é preciso considerar o fato de que normalmente a força da gravidade fecharia um desses buracos tão logo ele fosse aberto, destruindo qualquer objeto que tentasse passar por ele. Esse ponto foi contornado com a descoberta de que, usando um tipo exótico de energia (que não sabemos bem o que é) que é repelida, em vez de atraída pela força da gravidade, o buraco poderia ser mantido aberto por um tempo suficiente para permitir a passagem. No entanto, além de ser difícil produzir tal energia, precisaríamos de uma quantidade enorme dela. Como estimativa, seria necessária a energia do Sol produzida em 100 milhões de anos para abrir o buraco.

E aqui aparece outra dúvida: onde encontrar um *wormhole* minúsculo que pudesse ser aberto? Os físicos especulam que deve haver alguns vagando pelo espaço, relíquias do *Big Bang*, ou que eles poderiam ser produzidos em superaceleradores de partículas.

Suponhamos que uma civilização com tecnologia 1 milhão de anos à frente da nossa tenha conseguido construir um *wormhole*.[37] Podemos nos perguntar por que essa civilização ainda não nos contatou.

A resposta é fácil: mesmo para essa civilização, seria necessária uma quantidade enorme de energia para a construção do *wormhole*. Existe uma possibilidade matemática para a existência de um *wormhole*, mas não sabemos se é possível fazer o túnel no espaço-tempo até um ponto preestabelecido; mesmo que isso fosse possível, a possibilidade de a saída do túnel acontecer próximo de um planeta habitado é praticamente nula, dada as dimensões gigantescas do Universo.

Existe a possibilidade de um *wormhole* ligar dois universos paralelos. Alguns físicos acreditam que o Universo em que vivemos seja apenas um de um número infinito de outros universos. Alguns são quase idênticos ao nosso, enquanto a maioria é inteiramente diferente: em um deles não aconteceu a extinção dos dinossauros, em outro a Alemanha ganhou a Segunda Guerra Mundial, e assim por diante. A ideia foi usada em vários filmes.

Existe também a possibilidade matemática de uma pessoa retornar ao passado, viajando através de um *wormhole*. A possibilidade de viagem no tempo levanta uma série de paradoxos conhecidos. Uma pessoa voltando no tempo poderia encontrar-se consigo mesma, ou matar o seu avô e impedir o próprio nascimento, entre outros acontecimentos bizarros. Uma saída para o dilema é usar a ideia dos universos paralelos mencionada anteriormente. Nesse esquema, cada

[37] Note que 1 milhão de anos é pouco tempo na escala cosmológica. Os dinossauros, por exemplo, viveram cerca de 160 milhões de anos, e foram exterminados 70 milhões de anos atrás.

vez que ocorre um evento, o universo se bifurca em duas linhas de tempo separadas, algo que acontece bilhões de vezes a cada microssegundo, levando à existência de infinitos ramos. Nesse cenário, o viajante no tempo se movimenta entre as múltiplas linhas de tempo. A pessoa pode matar o avô sem afetar a sua própria existência, pois esse seria o avô de outra pessoa, uma réplica dele, ocupando uma linha de tempo diferente. Ele volta ao presente em outro ramo do multiverso, um ramo no qual seu avô não morreu.

Embora a existência de universos paralelos seja uma possibilidade matemática e a ideia tenha sido usada em várias estórias de ficção científica e filmes, é provável que isso seja apenas especulação.

Interestelar: o filme

A ideia da viagem através de um *wormhole* foi usada no filme *Interestelar* (produzido em 2014), que teve o físico norte-americano Kip Thorne como consultor. Como resultado de pragas nas plantações, a produção de alimentos fica quase impossível, ameaçando a sobrevivência da humanidade. Cooper, um ex-piloto da Nasa, mora com seu sogro, seu filho e Murphy, sua filha de 10 anos, em uma fazenda. A filha acredita que um fantasma esteja assombrando seu quarto.

Ela e o pai descobrem que o fantasma é, na verdade, um ser alienígena, que está tentando fazer contato com eles por meio de ondas gravitacionais. Eles obtêm informações que os levam a uma instalação secreta da Nasa, onde ficam sabendo que um *wormhole* foi aberto perto de Saturno; ele leva a planetas em uma galáxia distante, que podem ser uma solução para a sobrevivência da humanidade, pois três naves, enviadas anteriormente, identificaram três planetas orbitando um buraco negro; em princípio, esses planetas poderiam ser habitados.

Cooper lidera uma expedição, com o intuito de visitar os três planetas, deixando a filha na Terra. Os dois primeiros planetas visitados não se mostraram adequados para a vida. Quase sem combustível, os astronautas planejam catapultar a nave em torno do buraco negro para chegar ao terceiro planeta. Para reduzir a massa da nave, Cooper e um robô se lançam na direção do buraco negro, sendo catapultados por ele, e emergem em um hipercubo de quatro dimensões (chamado de tesserato), onde o tempo aparece como uma dimensão espacial, enquanto um conjunto de estantes mostra janelas, com momentos diferentes do quarto de infância de Murphy.

Cooper percebe, então, que o fantasma que tentara se comunicar com a filha era ele mesmo, que voltara ao passado. Usando radiação gravitacional, ele passa para a filha dados da singularidade do buraco negro, coletados pelo robô. Com esses dados, Murphy, que agora trabalha para a Nasa, consegue resolver o problema para o lançamento de uma estação espacial e salvar a humanidade.

O tesserato, então, colapsa. Cooper sai do *wormhole* (enquanto 51 anos se passam na Terra), é resgatado e acorda em uma estação espacial que orbita Saturno, e que atua como base para viagens através do *wormhole*. Cooper envelheceu apenas poucos anos, devido ao efeito do campo gravitacional do buraco negro mencionado antes, mas a filha é uma mulher idosa que está à beira da morte.

Quasares

Os quasares são os objetos conhecidos mais brilhantes e distantes no Universo. O nome **quasar** deriva da abreviação (em inglês) de *quasi-stellar radio source*, ou fonte de rádio quase estelar.[38]

Os quasares emitem energia equivalente a 1 trilhão de sóis, ou seja, mil vezes a energia emitida pela Via Láctea. Acredita-se que os quasares sejam buracos negros supermassivos, no centro de galáxias

[38] Esses objetos exóticos costumam ser bem populares, sendo inclusive tema de músicas.

em sua infância, e que consumam uma quantidade enorme de matéria gasosa, proveniente de enormes nuvens de gás que consistem principalmente de hidrogênio; o consumo equivale a uma massa solar por ano e provém de um disco de acreção,[39] que está em rotação em torno do quasar (Figura 5-4). À medida que a matéria gira cada vez mais rápido ao se aproximar do buraco, ela se aquece, devido ao choque entre as partículas, podendo atingir uma temperatura de 1 milhão de graus kelvin, e libera uma quantidade enorme de luz e outras formas de radiação, tais como raios X e radiação ultravioleta. Quando a matéria está prestes a entrar no buraco, uma quantidade enorme de energia é também ejetada ao longo dos polos norte e sul do buraco. No caso de galáxias como a nossa, existe muito pouco gás no centro da galáxia para que o buraco negro central possa absorver, e, assim, não há formação de um quasar.

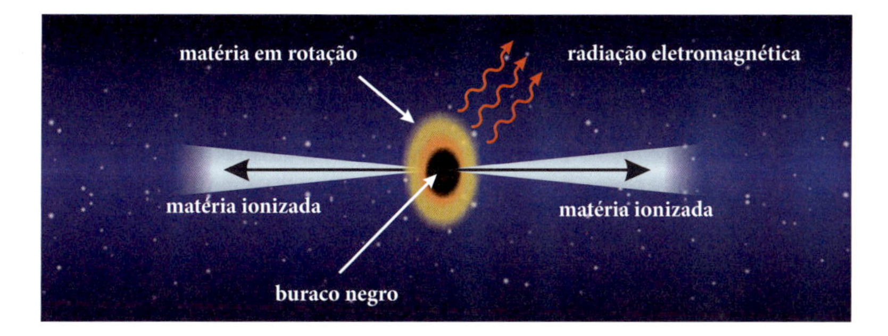

Figura 5-4. Representação esquemática de um quasar.

Se um buraco negro com uma massa de 1 bilhão de massas solares coleta uma quantidade de matéria de 10 massas solares por ano, ele pode produzir no processo a energia equivalente à emitida por mil galáxias normais.

---

[39] Um disco de acreção é a estrutura formada por um gás em movimento orbital, em torno de um corpo central.

Acredita-se que, logo após a formação das primeiras estrelas, alguns aglomerados estelares tenham colidido entre si, formando gigantescos buracos negros. Outra teoria propõe que os primeiros buracos negros devoraram estrelas em quantidade suficiente para se tornarem gigantescos.

CAPÍTULO VI

PROPRIEDADES DE UMA ESTRELA

Neste capítulo, vamos discutir como obter informações sobre as propriedades de uma estrela: distância, temperatura, tamanho, massa, composição.

Medidas de distância

Estrelas distantes, que parecem não se mover em relação às outras durante o ano, são chamadas **estrelas fixas**; elas são usadas como referência para medidas de distância. Uma estrela que se move em relação às estrelas fixas é considerada **próxima**.

Para as estrelas próximas, o método usado para medir as distâncias entre elas e a Terra é chamado de **paralaxe**. A Figura 6-1 mostra como obter por paralaxe a distância até um local inacessível, digamos, uma árvore do outro lado de um rio. Tomamos dois pontos de referência, que chamaremos de A e B. Colocamos uma estaca em A e, com um teodolito em B, medimos o ângulo que a direção BA faz com a direção BC. Repetimos agora a operação com o teodolito em A. Em cada um dos pontos A e B, traçamos uma linha imaginária até a árvore, situada em C. Medindo a distância de A até B e o valor dos ângulos θ_1 e θ_2, que as linhas imaginárias AC e BC fazem com a base AB, poderemos usar a trigonometria para calcular a distância AC.[40]

[40] Esse é o método que nosso cérebro usa para estimar distâncias. A base é a distância entre nossos olhos; o esforço muscular empregado pelos olhos para focalizar um objeto fornece ao cérebro uma informação equivalente ao ângulo.

Figura 6-1. Método da paralaxe, também chamado de triangulação, para calcularmos a distância até um local inacessível. Os ângulos θ_1 e θ_2 podem ser diferentes, porém, na figura, usamos ângulos iguais por conveniência. Nesse caso, por construção, AC é igual a BC.

No caso astronômico, observamos uma dada estrela quando a Terra está em dois pontos opostos de sua órbita em torno do Sol (por exemplo, em 2 de março e 2 de setembro). Comparando a posição dessa estrela nas duas medidas, contra o fundo de estrelas fixas distantes, obtemos informações sobre o ângulo de desvio. Os ângulos são muito pequenos e difíceis de serem medidos. Por exemplo, a paralaxe anual da estrela Proxima é de apenas 0,772 segundo de arco.

Como sabemos a distância entre as duas posições da Terra, é simples calcular a distância até a estrela (Figura 6-2).

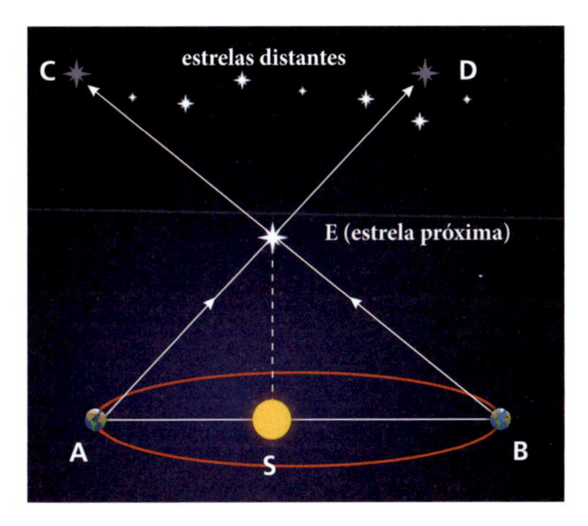

Figura 6-2. Medida de distância de uma estrela próxima por paralaxe: quando o observador está no ponto A, ele vê a estrela projetada no ponto D, e, quando em B, projetada no ponto C. Fazemos fotografias com intervalo de seis meses e obtemos a distância CD na chapa fotográfica. Podemos, então, construir os triângulos como na figura acima e obter o ângulo de paralaxe. Como conhecemos a distância AB (diâmetro da órbita da Terra em torno do Sol), podemos calcular a distância SE.
Observação: a figura acima não está em escala: a distância SE é praticamente a distância AE, da Terra à estrela.

Unidades de distância em Astronomia

Algumas unidades de distância são muito usadas em Astronomia: o ano-luz, o parsec, a unidade astronômica. O **ano-luz**, já mencionado no Capítulo I, corresponde à distância percorrida pela luz em um ano e equivale a 9,5 quatrilhões de quilômetros.

Devido ao fato de existir uma ligação direta entre a distância de uma estrela e sua paralaxe, os astrônomos criaram uma unidade para medirmos distâncias que leva em conta essa relação, chamada de **parsec**. Um parsec é igual à distância em que uma estrela deveria estar, para ter um ângulo de paralaxe de 1 segundo de arco. Na Figura 6-2, se a distância até a estrela fosse de 1 parsec, o ângulo entre AE e SE seria de 1 segundo de arco.

Uma **unidade astronômica** (UA) é a distância da Terra ao Sol, que é aproximadamente igual a 150 milhões de quilômetros.

Com o método da paralaxe, foram medidas as distâncias de muitas estrelas próximas do Sol, com bastante precisão. De novembro de 1989 a agosto de 1993, o satélite Hipparcos mediu a paralaxe e a luminosidade de mais de 1 milhão de estrelas. O satélite Gaia, sucessor do Hipparcos, mediu a paralaxe de 1 bilhão de estrelas na Via Láctea.

Para estrelas além de 400 anos-luz, os erros que surgem quando se medem distâncias usando o método da paralaxe ficam grandes, e os astrônomos precisam usar outras técnicas, mas a paralaxe é a pedra fundamental sobre a qual os outros mecanismos se apoiam. Ela fornece o primeiro passo na metodologia da medição de distâncias cósmicas.

Para estrelas distantes, usamos as propriedades da sua **luminosidade**. A luminosidade L de uma estrela é a energia total por segundo (potência) emitida por ela e, portanto, independe da distância. Se imaginarmos esferas em torno da estrela, a energia fica distribuída em superfícies cada vez maiores. Como a área de uma esfera é proporcional ao quadrado do raio:

$$A = 4\pi r^2,$$

a potência por unidade de área decai com o quadrado da distância:

$$P = L/A = L/4\pi r^2.$$

Essa é a chamada lei do inverso do quadrado (Figura 6-3).

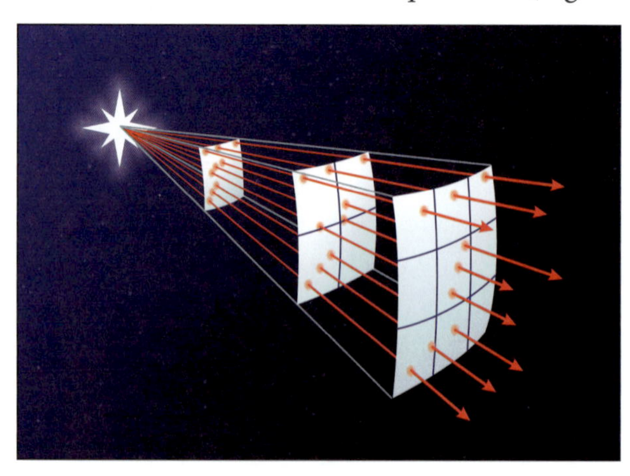

Figura 6-3. A luminosidade de uma estrela se distribui em uma superfície esférica ao redor dela.

A energia emitida por segundo por unidade de área é chamada de **brilho** (ou fluxo). Portanto, o brilho cai com o quadrado da distância. Na superfície da estrela, ele é chamado de **brilho intrínseco** ou absoluto. Como medido na Terra, ele é chamado de **brilho aparente**. Comparando o brilho absoluto com o brilho aparente de uma estrela, podemos calcular a sua distância.

Há um problema, pois não temos como medir o brilho absoluto diretamente. Não obstante, foi observado que certas estrelas, chamadas de Cefeidas, estão sujeitas a pulsações periódicas. (Elas são assim chamadas porque o primeiro exemplo identificado foi a estrela delta na constelação do Cefeu). Em 1912, a astrônoma norte-americana Henrietta Swan Leavitt descobriu que a luminosidade das Cefeidas era proporcional ao seu período de variação de luminosidade.

Cefeidas são estrelas gigantes ou supergigantes amarelas, 4 a 15 vezes mais massivas que o Sol e 100 a 30.000 vezes mais brilhantes. Como são muito luminosas, elas são visíveis a grandes distâncias. As Cefeidas se expandem e contraem em um período regular bem definido, entre 1 e 100 dias, levando a luminosidade a variar. Sua energia luminosa se deve às reações de fusão nuclear que, na região central da estrela, transformam o hélio em carbono. Uma hipótese para a pulsação é que ela seja causada pela ionização de hidrogênio e hélio no interior da estrela. Quando a estrela se contrai, esses elementos absorvem radiação e ficam ionizados. Quando ela se expande, a energia de ionização é liberada, dando origem à pulsação. O movimento de pulsação é acompanhado de mudanças de temperatura, responsáveis pela mudança periódica de luminosidade.

Quanto mais brilhante é a estrela, mais longo é seu período de pulsação. Assim, observando Cefeidas próximas, cujas distâncias conhecemos pelo método de paralaxe, podemos relacionar o brilho absoluto médio, calculado a partir da distância conhecida, ao período de pulsação. Medindo agora o brilho aparente de uma Cefeida distante, e dado que sabemos seu brilho absoluto pelo seu período de pulsação, podemos empregar a lei do inverso do quadrado para obter uma medida bastante precisa da distância da estrela. A limitação desse método é que as Cefeidas não podem ser detectadas além de 100 milhões de anos-luz.

Henrietta Swan Leavitt nasceu em 4 de julho de 1868, em Lancaster, nos Estados Unidos. Em 1893, entrou como voluntária para o Observatório do Harvard College, de início sem ganhar salário. Como não era permitido a mulheres operar telescópios, ela media e catalogava o brilho de estrelas em chapas fotográficas. Em 1912, confirmou estudos anteriores, feitos também por ela, de que a luminosidade das variáveis Cefeidas era proporcional ao seu período de variação da luminosidade. O resultado obtido permitiu a Hubble chegar à relação entre velocidade e distância das galáxias, discutida no Capítulo II. Hubble disse várias vezes que Henrietta merecia ganhar o Prêmio Nobel. Ela teve uma vida conturbada por problemas de saúde e obrigações familiares. Faleceu de câncer aos 53 anos.

Outro mecanismo importante para medir grandes distâncias é o uso de supernovas Ia, como foi mencionado no Capítulo IV: considerando que o brilho intrínseco seja aproximadamente o mesmo para todas as estrelas dessa classe, a medida do brilho aparente permite a determinação de sua distância. Por cerca de um mês, uma supernova desse tipo brilha com uma luminosidade de vários bilhões de vezes a luminosidade do Sol e, portanto, pode ser vista a grandes distâncias. Em 1988, astrônomos descobriram que supernovas do tipo Ia em galáxias com grande desvio para o vermelho tinham sistematicamente luminosidade menor do que o esperado e, assim, estariam mais distantes do que seria estimado, se o Universo estivesse se expandindo com velocidade constante ou em taxa desacelerada (15% menos luminosa do que seria esperado para velocidade constante e de 20 a 25% do que o esperado para um universo desacelerado). Esse resultado sugeria que o Universo estava se expandindo em taxa acelerada. Uma análise posterior em mais de 100 supernovas do tipo Ia confirmou o resultado.

Temperatura

Conforme discutido no Capítulo I, a emissão de corpo negro de um objeto depende da sua temperatura: quando esta aumenta, o pico de emissão aumenta em intensidade e se desloca para regiões de menor comprimento de onda (Figura 1-10). Assim, uma estrela mais quente emite mais luz, de cor mais azulada. Portanto, a temperatura de uma estrela pode ser inferida pela sua cor e, com mais precisão, medindo-se a sua luminosidade para alguns valores de comprimentos de onda e ajustando esses valores em uma curva de emissão de corpo negro.

A Tabela 6-1 relaciona a cor das estrelas com suas temperaturas.

Cor da estrela	Temperatura (K)
Azul	Acima de 30.000
Entre azul e branca	Entre 30.000 e 10.000
Branca	Entre 10.000 e 7.500
Entre branca e amarela	Entre 7.500 e 6.000
Amarela	Entre 6.000 e 5.000
Laranja	Entre 5.000 e 3.500
Vermelha	Abaixo de 3.500

Tabela 6-1. Avaliação da temperatura de uma estrela segundo a sua cor.

Tamanho

O tamanho de uma estrela é difícil de medir. Mesmo com os maiores telescópios, vemos a maioria das estrelas como simples pontos luminosos. No entanto, para umas poucas estrelas, podemos medir seus diâmetros angulares diretamente, usando interferometria estelar, que será explicada mais adiante, em que combinamos a luz de dois ou mais telescópios.

O diâmetro angular de um objeto situado a certa distância é o diâmetro aparente do objeto, medido em graus. Por exemplo, suponhamos que queiramos medir o diâmetro angular da Lua. De uma maneira grosseira, fechamos um olho e colocamos uma moeda na nossa linha de visão, deslocando a moeda até que ela cubra exatamente a imagem da Lua. Conhecendo o diâmetro da moeda e medindo a distância entre ela e nosso olho, podemos calcular o ângulo que as duas retas fazem uma com a outra, como mostrado na Figura 6-4. Obviamente, para medirmos o diâmetro angular de uma estrela, usamos equipamentos sofisticados.

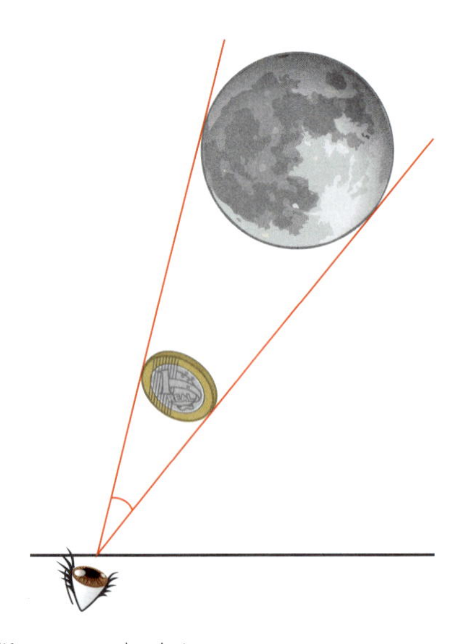

Figura 6-4. Medida do diâmetro angular da Lua.

A interferometria é uma técnica frequentemente aplicada em Astronomia, que permite observar detalhes que até o maior dos telescópios atuais não consegue resolver. A radiação coletada por dois ou mais telescópios é combinada para criar uma imagem de um objeto celeste com muito mais detalhes do que o que seria possível com cada telescópio individual. Desse modo, os vários telescópios atuam como um único telescópio gigante "virtual", ou interferômetro, com um diâmetro muito maior do que qualquer telescópio existente.

Outro método muito usado para estimar o raio de uma estrela é usar a lei de Stefan-Boltzmann para um corpo negro:

$$L = 4\pi r^2 \sigma T^4,$$

onde L é a luminosidade; r, o raio; σ, a constante de Stefan-Boltzmann; e T, a temperatura. Note que $4\pi r^2$ é a área da superfície do objeto. Ou seja, a emissão de energia por cada centímetro quadrado da superfície de um corpo negro é proporcional à quarta potência da temperatura, se os outros parâmetros forem conhecidos.

As estrelas se comportam em primeira aproximação como um corpo negro: sua temperatura depende somente da quantidade total de energia irradiada por segundo, pois os gases quentes nas estrelas são muito opacos, e o material estelar é um bom absorvedor de radiação. Portanto, conhecendo-se sua luminosidade e temperatura, é possível inferir o seu tamanho.

Por outro lado, se conhecermos a temperatura de uma estrela, e fazendo a suposição de que estrelas do mesmo tipo têm o mesmo tamanho, podemos calcular sua luminosidade.

Massa

Estrelas binárias são as únicas cuja massa podemos calcular diretamente, a partir do período de revolução das estrelas em torno do centro de massa, usando a terceira lei de Kepler. Sistemas estelares binários são bastante comuns no Universo e podem de fato ser a maioria. Uma vez calculadas as massas para várias estrelas binárias e conhecidas as suas luminosidades, podemos deduzir uma relação entre luminosidade e massa, e usar essa relação para determinar a massa de uma estrela solitária, cuja luminosidade seja conhecida. No entanto, para estrelas com massa muito grande ou muito pequena (estrelas fora da sequência principal), a relação entre massa e luminosidade depende da idade da estrela, e, nesse caso, precisamos usar modelos teóricos. Infelizmente, modelos diferentes podem levar a massas diferentes.

A terceira lei de Kepler diz que:

$$T^2 = kr^3,$$

onde T é o período de revolução do corpo celeste A em torno de B, r é a distância entre eles e k é uma constante relacionada com a massa m de B:

$$k = 4\pi^2/GM,$$

onde G é a constante de gravitação universal (Figura 6-5).

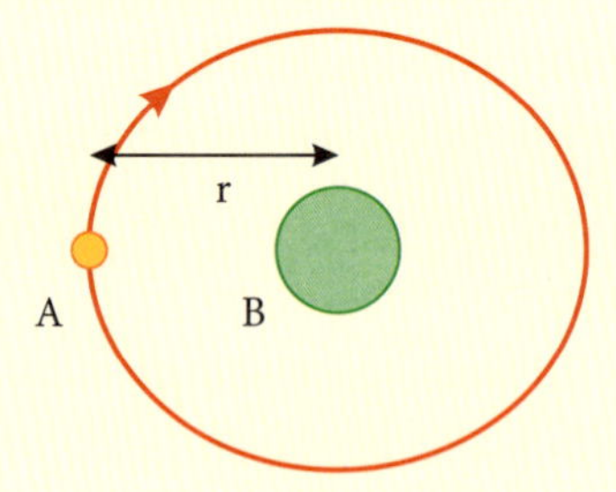

Figura 6-5. O corpo celeste A gira em torno de B, sendo r a distância entre os centros dos dois corpos.

Composição

No Capítulo I, mencionamos que os elétrons ligados aos átomos ocupam determinados níveis de energia, sendo esses níveis característicos para cada elemento químico. Se os átomos absorverem energia de uma fonte externa, os elétrons vão ocupar níveis com valores mais altos de energia; a informação sobre os valores de energia absorvida compõe o espectro de absorção e indica o elemento químico envolvido no processo.

Da mesma forma, os átomos podem emitir a energia absorvida, formando um espectro de emissão característico do elemento em questão.

Esse tipo de emissão/absorção ocorre para átomos pouco ligados uns aos outros, como em um gás; em materiais mais densos, nos quais os átomos estão ligados entre si, a emissão ocorre em uma faixa contínua de valores de energia, devido às interações entre os átomos (Figura 6-6). Esse assunto também foi discutido no Capítulo I.

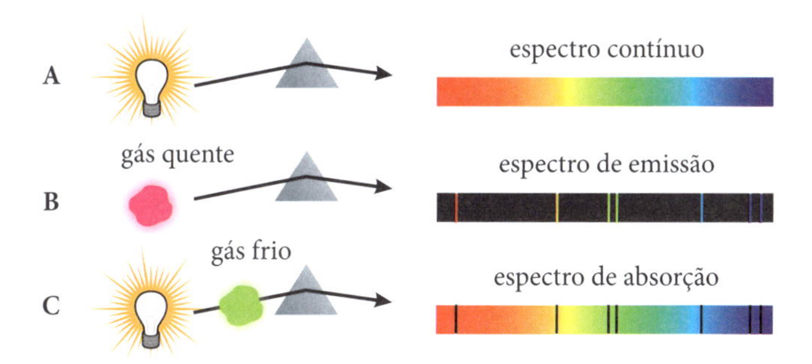

Figura 6-6. (A): Um corpo sólido, aquecido, emite um espectro contínuo. (B): Um gás aquecido emite energia de comprimentos de onda que dependem da sua composição (espectro de emissão). (C): Um gás frio absorve energia dos mesmos comprimentos de onda emitidos no caso anterior (espectro de absorção).

A Figura 6-7 mostra os espectros de emissão para alguns elementos químicos.

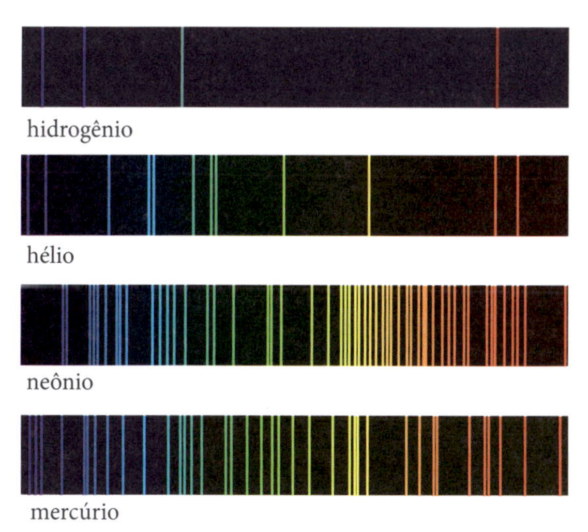

Figura 6-7. Espectros de emissão de alguns elementos químicos.

Portanto, a partir dos espectros de emissão ou absorção obtidos para uma estrela ou nuvem de gás, é possível determinar a composição química do corpo celeste. A intensidade das linhas informa sobre a proporção dos diversos elementos. Observa-se, por exemplo, que o Sol emite radiação de corpo negro devido ao seu caroço aquecido, e que o gás das camadas externas, que tem temperatura mais baixa, absorve energia em alguns comprimentos de onda, característicos do hidrogênio, em maiores proporções, do hélio, em segundo lugar, e de outros elementos mais pesados, em menor proporção.

Espectros de nuvens de gás existentes entre as estrelas mostram que elas são compostas principalmente de hidrogênio.

A Figura 6-8 mostra a composição química determinada para o Universo conhecido; vemos que ele consiste principalmente de hidrogênio e hélio. É interessante notar que, em Astronomia, todos os elementos com massa atômica maior que a do hélio são denominados **metais**. Atualmente se acredita que cerca de 1% da matéria entre as estrelas seja composta por partículas com tamanho de poucas centenas de nanômetros e, em sua maioria, constituídas por grafite e silicatos.

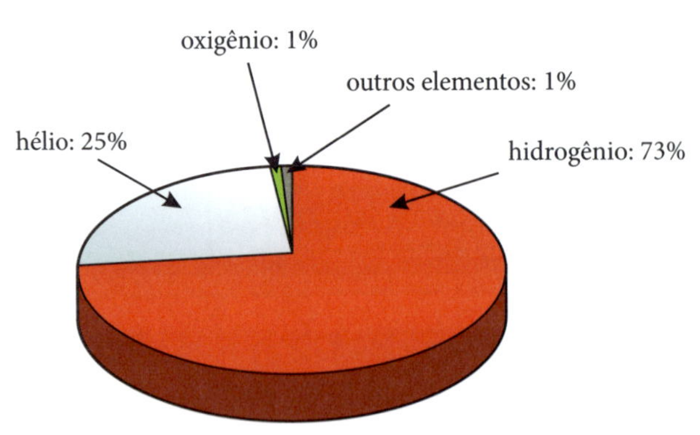

Figura 6-8. Composição química do Universo conhecido.

CAPÍTULO VII

O TELESCÓPIO JAMES WEBB E SUA CONTRIBUIÇÃO PARA A ASTROFÍSICA

O mais novo telescópio espacial, lançado em 2021 pela Nasa (National Aeronautics and Space Administration), agência espacial norte-americana), é o James Webb, que tem como objetivo permitir o avanço nas pesquisas sobre a composição e a formação do Universo, bem como o estudo de sistemas planetários, trazendo informações mais precisas e relevantes sobre ele.

Como foi dito no Capítulo II, sabemos a distância de uma galáxia medindo seu desvio para o vermelho e usando a lei de Hubble. As galáxias mais distantes, ou seja, as que surgiram há mais tempo, têm um desvio maior, e sua luz visível original é agora observada em comprimentos de onda mais longos, ou seja, na região de radiação infravermelha.[41] O James Webb capta a luz na região do infravermelho, e vem daí a sua importância na observação de objetos distantes.

Assim, uma de suas funções é olhar para o passado e observar o início do Universo. Através dele, vemos a luz emitida por galáxias distantes, que levou bilhões de anos para chegar até nós, o que nos mostra como eram quando jovens.

---

[41] Os diversos comprimentos de onda e frequências da radiação eletromagnética são descritos no Capítulo I, Figura 1-8.

O James Webb já descobriu várias galáxias que não eram conhecidas antes e fez observações que vão ajudar os astrônomos a melhorar os modelos de criação e evolução de estrelas e galáxias. Um fato interessante foi a descoberta de galáxias que surgiram 300 a 500 milhões de anos depois do *Big Bang*, quando o Universo estava em sua infância, tendo apenas 2% de sua idade atual.[42] Elas também eram maiores do que se acreditava ser possível tão pouco tempo depois do *Big Bang*. Caso esses dados sejam confirmados, o modelo padrão de cosmologia terá de ser reavaliado. Os astrônomos sugerem que, para se chegar a qualquer conclusão, o telescópio precisará coletar dados por um período mais longo.

Os cientistas gostam quando são observadas coisas novas sem explicações, já que isso dá a eles material para pesquisa. Porém, eles são muito cautelosos, pois isso raramente acontece: na maioria das vezes, um fato novo e desconcertante se mostrou ser erro de observação. Mas sempre há aqueles que não esperam pela confirmação de um resultado e começam a propor teorias, que caem por terra algum tempo depois.

A radiação eletromagnética na região do infravermelho (chamada também de radiação térmica), captada pelo telescópio James Webb, é invisível ao olho humano, sendo detectada apenas por sensores especiais.[43] O telescópio possui 29 filtros, e cada um detecta comprimentos de onda diferentes da luz infravermelha. A cada comprimento de onda coletado é associada uma cor visível diferente, indo do vermelho (maior comprimento de onda) ao azul (menor comprimento

---

[42] Para determinar a "idade" de uma galáxia, os astrônomos medem no laboratório o comprimento de onda da luz emitida ou absorvida por um elemento e comparam com o que eles observam na galáxia. O desvio no comprimento de onda está relacionado com a velocidade de afastamento da galáxia. A partir da lei de Hubble, descrita no Capítulo II, é possível então determinar a distância da galáxia e o tempo que a luz emitida por ela levou para percorrer essa distância.

[43] Embora não possamos ver a luz infravermelha, podemos senti-la como calor. Isso acontece porque ela interage com as moléculas de nossa pele, excitando-as e fazendo-as se moverem mais rapidamente, o que leva a um aumento da temperatura.

de onda). Este é um processo complexo, que exige algumas semanas para o processamento de cada imagem.[44]

A radiação infravermelha passa através de poeira e gás mais facilmente do que a luz visível; assim, é possível detectar objetos dentro de uma nuvem de poeira.

A seguir são apresentadas imagens de diversos corpos celestes observados pelo James Webb, que trazem informações novas e valiosas para o estudo do Universo em formação.

A estrutura mostrada à direita na Figura 7-1 é chamada de Pilares da Criação e está situada em uma pequena região da Nebulosa da Águia, que está a 6.500 anos-luz da Terra.

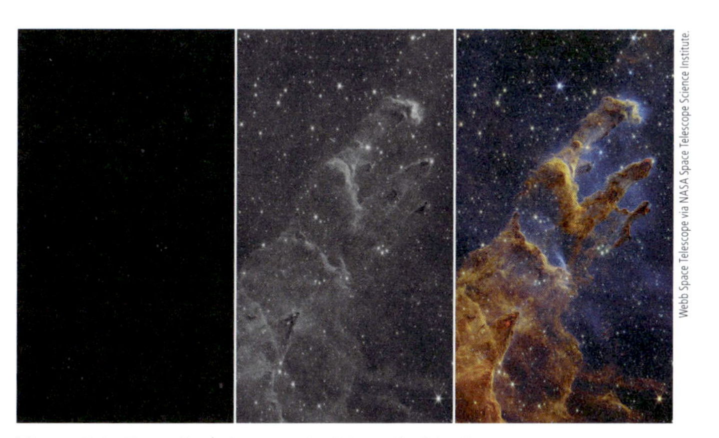

Webb Space Telescope via NASA Space Telescope Science Institute.

Figura 7-1. Obtenção da imagem dos Pilares da Criação.

Os Pilares apresentam gás e poeira semitransparentes, onde estrelas jovens são formadas. Ao longo de suas bordas há linhas onduladas, semelhantes à lava, constituídas pela ejeção de material de estrelas ainda em formação. A informação obtida após o tratamento da imagem pode ajudar os pesquisadores a reformular os modelos de formação de estrelas.

[44] O mesmo processo ocorre em óculos ou câmeras de visão infravermelha, que transformam radiação térmica em luz verde. Eles são geralmente usados por militares ou por pesquisadores que observam animais selvagens à noite.

As imagens obtidas originalmente aparecem quase completamente pretas. Como mostrado na Figura 7-1, elas são transformadas em preto e branco e a seguir são coloridas. O processo exige um cuidado minucioso em cada passo, como mostrado na Figura 7-2. À esquerda, estão seis imagens dos Pilares da Criação, obtidas usando diferentes filtros na câmera de infravermelho próximo[45] do James Webb. O filtro específico está anotado no alto de cada imagem. Quando as seis imagens são combinadas, é obtida a imagem composta inicial, à direita, que depois é refinada para apresentar mais detalhes.

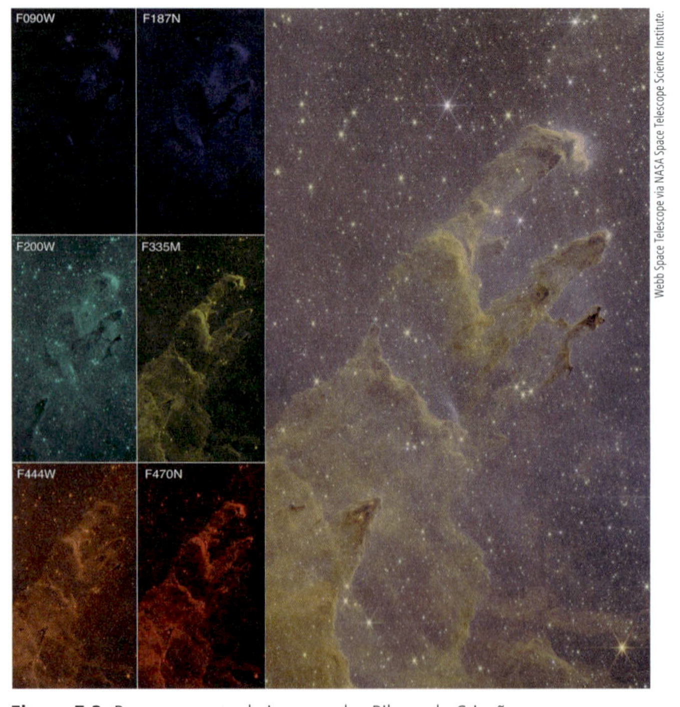

Figura 7-2. Processamento da imagem dos Pilares da Criação.

[45] A região do espectro infravermelho é em geral dividida em infravermelho próximo (mais próxima da luz visível), infravermelho médio e infravermelho distante (mais próxima das micro-ondas).

A Figura 7-3 mostra uma imagem do par de galáxias VV 191, que inclui luz no infravermelho próximo detectada pelo James Webb e luz visível e ultravioleta detectada pelo Hubble, seu antecessor. Os dados de ambos os telescópios foram combinados para observar a luz emitida pela galáxia elíptica, à esquerda, que passa pela galáxia espiral à direita, e identificar os efeitos da poeira interestelar na galáxia espiral.

NASA, ESA, CSA, Rogier Windhorst (ASU), William Keel (University of Alabama), Stuart Wyithe (University of Melbourne), JWST PEARLS Team, Alyssa Pagan (STScI) via Wikimedia Commons.

Figura 7-3. Par de galáxias VV 191.

A Figura 7-4 mostra a bem conhecida Nebulosa do Anel, que apresenta detalhes sofisticados quando observada pelo telescópio James Webb. Formada pela ejeção das camadas externas de uma estrela, que está ficando sem combustível, ela é o exemplo típico de uma nebulosa planetária. É também conhecida como M57 e NGC 6720, e está a 2.500 anos-luz de distância da Terra.

ESA/Webb, NASA, CSA, M. Barlow (UCL), N. Cox (ACRI-ST), R. Wesson (Cardiff University) via Wikimedia Commons.

Figura 7-4. A Nebulosa do Anel.

A Figura 7-5 mostra uma imagem detalhada da SN 1987A (Supernova 1987A), obtida com a câmera de infravermelho próximo do telescópio James Webb. No centro, o material ejetado pela supernova tem a forma de um buraco de fechadura. À esquerda e à direita, aparecem semicírculos pouco brilhantes, descobertos recentemente, e externamente a eles há um anel equatorial, formado por material ejetado dezenas de milhares de anos antes da explosão da supernova e que contém pontos quentes brilhantes. No exterior desse anel há uma emissão difusa e dois anéis externos, pouco brilhantes. Na imagem, a cor azul representa ondas eletromagnéticas de comprimento de onda de 1,5 μm,[46] o ciano corresponde a comprimentos de onda entre 1,64 e 2,0 μm, o amarelo a 3,23 μm, o laranja a 4,05 μm e o vermelho a 4,44 μm, sendo todos esses na faixa do infravermelho, invisível a nossos olhos.

NASA, ESA, CSA, M. Matsuura (Cardiff University), R. Arendt (NASA's Goddard Spaceflight Center & University of Maryland, Baltimore County), C. Fransson (Stockholm University), J. Larsson (KTH Royal Institute of Technology), A. Pagan (STScI) via Wikimedia Commons.

Figura 7-5. A supernova 1987A.

---

[46] Um mícron (μm) corresponde a um milésimo do milímetro.

A Figura 7-6 mostra camadas de poeira cósmica criadas pela interação de estrelas binárias, sendo uma delas a Wolf-Rayet 140.[47] A regularidade do espaçamento das camadas indica que elas são formadas durante o ciclo de oito anos da órbita da estrela, quando ela está mais próxima de sua companheira. Na imagem, as cores azul, verde e vermelha designam os dados no infravermelho médio, com comprimentos de onda de 7,7, 15 e 12 μm respectivamente.

NASA/ESA/CSA/STScI/JPLCaltech via Wikimedia Commons.

Figura 7-6. Interação entre estrelas binárias.

[47] Wolf-Rayet (WR) são estrelas que inicialmente têm massa maior que 25 massas solares e que, após queimar todo o seu combustível, perdem suas camadas externas, transformando-se em pequenas estrelas muito quentes e luminosas. Geralmente ocorrem em sistemas binários, em que a companheira é outra WR, uma estrela de nêutrons ou um buraco negro. Elas posteriormente explodem, transformando-se em supernovas.

A Figura 7-7 mostra a maior imagem obtida até agora pelo telescópio James Webb, trazendo o grupo de cinco galáxias conhecido como Quinteto de Stephan. A imagem cobre cerca de um quinto do diâmetro da Lua e foi obtida com as câmeras de infravermelho próximo e infravermelho médio. Ela contém cerca de 150 milhões de pixels e foi construída a partir de quase mil arquivos de imagem.

Figura 7-7. O grupo de galáxias conhecido como Quinteto de Stephan.

Com sua poderosa visão no infravermelho e sua resolução espacial extremamente elevada, o James Webb mostra detalhes nunca antes observados nesse grupo de galáxias: pontos brilhantes representando estrelas jovens e em nascimento; caudas de gás, poeira e estrelas sendo atraídas pelas galáxias devido a interações gravitacionais. As regiões em torno do par central de galáxias são mostradas na Figura 7-7 em tons de vermelho e dourado.

A nova informação trazida pelo James Webb permite inferir sobre a forma com que as interações entre galáxias levaram à evolução do Universo primitivo.

Apesar dos grandes avanços em Astronomia, muitas perguntas continuam sem respostas, o que é uma boa notícia, pois indica que os astrônomos ainda terão muito trabalho pela frente. Talvez isso motive alguns dos leitores a estudarem Astronomia, se tornar astrônomos e tentar responder a algumas dessas questões.

A localização do telescópio James Webb

O James Webb não orbita a Terra como o Hubble e outros satélites, mas gira em torno do Sol a 1,5 milhões de quilômetros do nosso planeta. Ele está localizado em um ponto particular (chamado segundo ponto de Lagrange), onde as forças de atração do Sol, da Terra e da Lua combinadas mantêm o telescópio alinhado com a Terra à medida que os dois corpos giram em torno do Sol.

Um fato interessante a se notar é que os cálculos necessários para colocar o James Webb no lugar certo, assim como todos os cálculos de órbitas de satélites e sondas espaciais, foram feitos usando a mecânica newtoniana, que alguns incautos consideram ter sido suplantada pela Teoria da Relatividade e pela mecânica quântica.

SUGESTÕES DE LEITURA

Existem poucos sites brasileiros com informações sobre Astronomia. Um deles é o site do Departamento de Astronomia do Instituto de Física da UFRGS: tinyurl.com/yc8kx84m. Acesse também pelo QR code ao lado.

A Nasa oferece um site em inglês, que tem a vantagem de ser constantemente atualizado com as últimas informações sobre Astronomia. É considerado o melhor sobre dados de observações: nasa.gov.

Em particular, é possível obter informações e atualizações sobre o telescópio James Webb no site específico da Nasa: webb.nasa.gov.

Alguns livros em português trazem informações sobre assuntos tratados neste livro:

HAWKING, L.; HAWKING, S. *George e o segredo do Universo*. Rio de Janeiro: Ediouro, 2007.

MOURÃO, R. R. F. *O Livro de Ouro do Universo*. Rio de Janeiro: Harper Collins Brasil, 2019.

PIRES, A. S. T.; CARVALHO, R.P. *Por dentro do átomo*. São Paulo: Livraria da Física, 2014.

SILVA, A. V. R. *Nossa estrela: o Sol*. São Paulo: Livraria da Física, 2006.

Este livro foi composto com tipografia Minion Pro e impresso
em papel Off Set 90 g/m² na Formato Artes Gráficas.